城市带状公园绿地规划设计

李素英 著

中国林业出版社

图书在版编目(CIP)数据

城市带状公园绿地规划设计／李素英著. —北京：
中国林业出版社，2011.12
ISBN 978 – 7 –5038 –6467 –4

Ⅰ.①城…　　Ⅱ.①李…　　Ⅲ.①城市公园－园林设计
Ⅳ.①TU986.2

中国版本图书馆 CIP 数据核字(2011)第 000511 号

出版：中国林业出版社(100009　北京西城区刘海胡同 7 号)
E-mail：pubbooks@126.com　**电话**：010 –83283569
发行：新华书店北京发行所
印刷：北京地质印刷厂
版次：2011 年 12 月第 1 版第 1 次
开本：787mm×1092mm　1/16
印张：7.75
字数：163 千字
定价：29.00 元

前　言

城市带状公园绿地是城市公园绿地的一种类型，是城市绿地系统中颇具特色的构成要素，其线形带状的型态使其不仅承担起城市生态廊道的职能，而且在城市绿地网络化系统中成为点与点相互连接、点与面相互融汇的桥梁；同时，对城市的美化、生活环境尤其是对游憩环境和生态环境的改善起到其他城市绿地不可替代的作用。

本着探索的精神，借鉴实证分析法和景观生态学等理论、普遍原则与个案研究结合等理论，对中外城市带状公园绿地的形成历史、概念、特征、功能、设计原则等理论问题进行以下四个面的研究和总结：

第一，对西方和我国的城市带状公园绿地发展历史进行简要的阐述和概括，分析与城市带状公园相关的公园道、绿色通道、绿色廊道的概念及区别，总结城市带状公园绿地的类型和功能。

第二，通过城市带状公园绿地在城市绿地系统中的比重研究，应用我国公园绿地和附属绿地在城市建设用地的统计资料分析，得出城市带状公园绿地在城市公园绿地中的比例不足的结论，提出以开放和改造城市附属绿地来扩大城市带状公园绿地主张。

第三，根据景观生态学理论，对城市带状公园绿地的生态廊道作用进行了理论上的阐述，运用实例分析求证城市带状公园的比例及廊道效应。

第四，从理论上阐述了在规划设计城市带状公园中应遵循系统性原则、自然优先原则及以人为本原则，并用实际案例作出分析论证。

本书旨在为风景园林规划设计人士在研究和规划设计城市带状公园绿地提供一些参考，书中不当之处恳请读者批评指正。

作　者

目　　录

1 引 言

　　2002 年，中华人民共和国建设部颁布了《城市绿地分类标准》，明确指出："公园绿地是城市中向公众开放的以游憩为主要功能，有一定的休息设施，同时兼有健全生态、美化景观、防灾减灾等综合作用的绿化用地。它是城市建设用地、城市绿地系统、城市市政公用设施的重要组成部分，是表示城市整体环境水平和居民生活质量的一项指标。"同时，该标准第一次以行业标准的形式认定"城市带状公园绿地"作为城市公园绿地的一种类型，将其定义为"带状公园常常结合城市道路、水系、城墙而建设，是绿地系统中颇具特色的构成要素，承担着城市生态廊道的职能。带状公园的宽度受用地条件的影响，一般呈狭长形，以绿化为主，辅以简单的设施。"

　　在此之前，城市带状公园绿地这一术语虽在一些学术论文中不断出现，但因其定义不清晰，无论是学术论文的作者还是读者，常常将其与"公园道"（parkway）、"绿道"（greenway）、"绿色廊道"（green corridor）等传统的园林规划理论中的专用术语概念相互混淆，没有明确和清晰的区别；同时，专门研究城市带状公园绿地的著述寥寥无几，这就形成了城市带状公园绿地在我们的城市建设中、园林规划设计中常常可见，而把它作为公园绿地的一种类型，作为园林规划设计理论中的专用术语，却未获得普遍和具有权威性的认可。

　　在建设部颁布了《城市绿地分类标准》之后，城市带状公园绿地这一术语被行业认可而开始高频率地出现在一些理论期刊、学报和互联网络中，对其个案的评述也日渐增多，作为城市绿地类型已被越来越多的从事园林理论研究和实践的工作者所重视。但令人遗憾的是，对城市带状公园绿地的形成历史、概念、特征、功能、设计理念等理论问题进行较为全面的专题研究的著述至今仍很少见。

　　有鉴于此，在广泛搜集阅读文献资料，认真研究个案的基础上，结合自己的实践，以求知、求真、求实的态度，开展对城市带状公园绿地规划设计的讨论，力图对城市带状公园绿地的形成历史、概念、特征、功能、规划、设计理念等理论问题进行较为全面的梳理和研究。

1.1 背　景

人类社会经历了从低级向高级社会的漫长阶段。社会越发展，分工越复杂细密；而每一种事物和学科由于其自身的变化也由简到繁，分类愈加细化，这种现象已经成为物质形态和理论研究发展的普遍特征。

园林景观是一门先有实践，后形成理论的科学。在其成长的初期并没有明显的分类，只是随着对其理论的研究开始对园林进行分类。分类的目的是为了考察和探索所有园林的共性和每一种园林类型的个性，找出园林规划设计应遵循的普遍规律和不同类型园林的特殊要求，以从理论上理顺思路，分类指导各种类型的园林景观规划设计和审美情趣。

21世纪的园林景观规划，是在世界城市园林经历了第二次世界大战炮火硝烟后半个世纪全面复兴和迅猛发展的基础上的艺术。无论是在西方还是在东方，形式创新、风格创新、理论创新都成为这个时代园林景观学的发展潮流。30多年的改革开放，中国经济实力增长，人民群众生活水平有了极大提高，随着工业化、城市化、现代化的进程，中国城市的园林建设发生了翻天覆地的变化，在数量上、城市面积比例上都大幅度增长。与此同时，对园林景观学的研究也呈现百花齐放、异彩纷呈的可喜局面。其中，对城市绿地的分类也成为广大园林规划工作者和研究者十分关注的一个焦点。

2002年，建设部颁布的《城市绿地分类标准》不仅第一次以行业标准的形式认定"城市带状公园绿地"作为城市公园绿地的一种类型，还第一次以形态作为城市绿地的类名规范的标准，使之成为具有权威性认可的行业专用术语。

任何一种城市绿地的分类和行业专用术语的产生，必然有其历史渊源和发展过程，有其科学性和合理性以及在园林景观上与其他类型园林不同的特征和功能。但是，由于城市带状公园绿地这一分类和行业专用术语问世不久，它的发展历史、概念、特征、分类的科学性和设计理念等问题并不清晰，尤其是它与其他类型的城市园林在功能上的区别非常模糊，再加上西方园林学中没有这种行业术语，由此导致一些学者对城市带状公园绿地作为城市园林的一种分类和是否能作为行业术语表示疑虑。

为了对上述问题作出解答，著者选择了这一课题作为研究对象。由于城市带状公园绿地的研究是一个全新的课题，研究内容涉及到中外园林发展历史、园林景观学、生态学、美学、统计学等多种学科，现有的文献资料和研究成果甚少，再加上自己才疏学浅、理论功底和实践经验不足，文中的观点和论据如能起到抛砖引玉的作用，激发起大家对城市带状公园理论和实践研究的兴趣，并给园林景观学的发展作出一点贡献，就是著者的目的所在。

1.2　国内外研究概况

1.2.1　国外研究概况

国外园林行业标准中至今未将"城市带状公园绿地"作为专业术语，国外的园林学中也未把"城市带状公园"进行专门分类研究。

公元前 6 世纪的毕达哥拉斯学派提出了"黄金分割"理论，受其影响，古希腊、古罗马、意大利文艺复兴园林和英国的自然风景园林虽然都自成体系，各树一帜，但无论是建筑还是植物都整齐规则、对称均衡，推崇几何图形的美学观几千年来都顽固地统治着欧洲的园林规划理论。古典园林的特色是以法国古典主义为代表的几何形园林，园林规划的手法着眼于几何美（彭一刚，1986）。黑格尔曾言"……最彻底地运用建筑原则于园林艺术的是法国的园子。它们照例接近高大的宫殿，树木是修剪整齐的篱笆造成的。"因此，在对欧洲的有关园林景观规划设计和各类园林进行研究时，对形态的讨论是从几何图形美学观切入，对欧洲先期呈带状的林苑和中世纪、近世纪呈带状的城市园林都有意识或无意识的触及。

美国的风景园林为后起之秀。在吸收了欧洲的园林规划先进思想后，早期的园林规划中出现了以 1860 年奥姆斯特德（Frederick Law Olmsted）与合作人沃克斯（Calvert Vaux）在波士顿"翡翠项圈"规划项目中设计的公园道（parkway）为代表的具有典型带状园林特征的作品。在随后几个世纪的园林发展进程中，对呈带状的园林研究虽然没有旗帜鲜明地展开，但散见于各种园林规划研究中的讨论一直没有间断。20 世纪的开敞空间规划浪潮之后，美国建成了大量的公园和开敞空间。美国各州从 20 世纪中叶开始，就分别对当地的各类相互独立、分散、缺少系统性的绿地空间进行了连通尝试。20 世纪 60 年代后，生态环境的恶化引起了人类对自身生存环境前所未有的关注。Philip Lewis 通过对威斯康星公园绿地的研究，提出了建立环境走廊的概念。环境走廊指在城市内通道主体（如道路、河流）两侧呈带状的绿地，显然与城市带状公园绿地有着形体和功能上密切的联系。1969 年麦克哈格（Lan McHarg）出版的《设计结合自然》中提出把景观作为一个生态系统的观点，对城市带状公园生态功能理论研究奠定了基础。70 年代开始有了"绿道"（greenway）概念。1987年美国总统委员会对 21 世纪的美国作了一个展望："一个充满生机的绿道网络……使居民能自由地进入他们住宅附近的开敞空间，从而在景观上将整个美国的乡村和城市空间连接起来……就像一个巨大的循环系统，一直延伸至城市和乡村。"明确了 21 世纪所要完成的任务就是将分散的绿色空间进行连通，形成综合性的绿色通道网络，简称绿道网络。近些年传入我国的《景观生态学》(*Landscape Ecology*. Richard T. T. Forman, Michel Godron, 1986)、《二十世纪美国城市规划》(*Planning the Twentieth Century American City*. Mary Corbin Sies, Christopher Silver. Marrland, 1996)、《美国城市景观设计》(*Design the American Landscape*. Charles E. Beveridge, Paul Rocheleau, Frederick Law Olmsted, 1998)、《生活景观:景观规划的经济策略》(*The Living Landscape*, *An Ecological Approach to Landscape Planning*. Frederick Steiner, 1999)、《景观设计:文化和建筑的历史》(*Landscape Design*, *Acultural and Architectural History*. Elizabethbarlow Rogers. , 2001)等著作也零星地从各个方面阐述了西方城市带状绿地的发展,介绍了意大利文艺复兴之后,在人们回归自然,向往田园风光,歌颂自然美风气日盛的情况下,园林绿地从城市中宫廷的高墙深院发展到开放城市中带状绿地在发达的城市主干道上出现的历史,考察了由于其出现是在缺乏对城市总体规划的条件下,以零星、散乱的状态呈现,在城市构建中无法发挥带状绿地生态功能的问题;也介绍了19世纪后,由于自由、民主、平等思想的发展,近代英国的城市率先出现若干面向市民开放的公园,而因这些开放性公园多在市郊外围,因此道路的建设使城市带状绿地有规模的出现。这些著作探讨了这一时期公共园林规划设计理念、手法、风格和效果,提出了传统园林规划审美观演变的思考,其中不乏对城市带状绿地的介绍,论证、比较得出城市带状公园绿地规划设计开始从单纯审美逐步转向审美与城市生态保护并重的设计观的结论。这些著作还以实证分析的方法,从英国、法国、美国、意大利及西欧大量典型城市公园、道路园林景观实例和图片中,分析了各国城市带状公园绿地的优秀作品和不同风格,尤其是《景观生态学》阐述了19世纪法国巴黎的林阴大道改造,《二十世纪美国城市规划》阐述了美国纽约第一条公园大道的产生,《美国城市景观设计》阐述了美国明尼阿波利斯市第一个公园系统规划方案滨河带状绿地规划设计。这些论述无不闪烁着睿智、理性的光芒。尤其值得称道的是,这些著作以宏观的历史发展视野,评价了19世纪末20世纪初英国出现的"开放空间"(open space)一词对城市园林规划中带状公园绿地规划理念的深远影响,评价了美国1851年颁布的《公园法》、英国1906年颁布的《开放空间法》对包括城市带状公园绿地的城市生态保护的积极历史性作用。

此外,近几年引进的国外学术论文从各个侧面对最新的国外城市带状公园绿地规划设计和实践进行了阐述和研究。如美国马萨诸塞阿默斯特大学的Ribeiro, Luis F. 博士所著的《美化建筑学》通过大城市的区域发展过程,以葡萄牙首都里斯本带状绿地的文化风景为实例,对绿地规划中自然风景保持的方法作了阐述。密歇根大学 Lusk, 安妮·Christine. 博士在《城市和地区性的规划》一文中论证了城市带状绿地的规划与城市居民休闲运动的关系,指出设计得很好的绿道能使人们在感情、精神上得到健康。

中国近邻日本是一个后来居上的发达国家，很重视城市环境的建设和保护。日本学者近年来关于城市带状公园绿地的研究成果颇丰。其中《日本公园百年史》（日本公园百年史刊协会编，1978）中对城市带状公园绿地的规划设计理论作出了总结。

1.2.2　国内研究概况

中国园林是以自然山水为主题思想，以花木、水石、建筑等为物质手段，集建筑、书画、文学、园艺等艺术的精华，在有限的空间里，创造出视觉无尽的、具有高度自然精神境界的环境艺术。其历史悠久，源远流长。自商周时代的囿开始，随着朝代的更替，在2000多年的封建时期，逐渐形成了自己独特的艺术风格。国内的园林界理论上按中国古典园林从属性分为皇家园林、私家园林、寺观园林、陵寝园林等不同的类型；按其地理位置和造园方式划分为人工山水园和天然山水园；按其地域划分为北派、江南派和岭南派；按其活动对象分为带有公共游览性质的风景名胜园林、寺庙园林和纯属私有性质的帝王宫苑、私家园林。新中国成立后，随着公共园林事业的发展，尤其是改革开放以来公共园林事业的突飞猛进，公共园林类型的研究也逐渐增多，其中对城市带状公园绿地规划设计和实践的研究内容也有一定涉及，散见于有关园林景观规划设计的理论著作和学术期刊。

杨赉丽1995年主编的全国高等林业院校试用教材《城市园林绿地系统规划》中阐述公共绿地是指"由市政建设投资兴建，经过艺术布局，具有一定的设施和内容，以供群众进行游览、休息、娱乐、游戏、文娱、体育、科学技术活动及美化城市为主要功能的园林绿地。它包括市、区级综合性公园、儿童公园、古典园林、带状绿地如沿河、湖、海、路、城垣而修建的具有一定宽度并有休息游览设施的带状绿地"，提出了公共绿地中"带状绿地"的概念。

贾建中2001年出版的《城市绿地系统规划设计》中指出"花园道路是指在城市干道一侧或两侧布置有较宽的园林绿地，绿地以植物造景为主，景观优美、色彩突出、风景连续的城市公共绿地。根据其周围环境不同，可分为道路花园带和滨河花园带两种形式"。

王浩主编，2003年6月出版的《城市生态园林与绿地系统规划》中指出：城市绿地廊道指城市景观中线状或带状的城市绿地；王建国著，2004年8月出版的《城市设计》中，从城市典型空间要素方面阐述了道路和滨河绿地景观。

李敏著，1999年8月出版的《城市绿地系统与人居环境规划》讨论了重视生态环境对城市带状绿地规划设计的意义。

俞孔坚、李迪华在2003年出版的《城市景观之路——与市长们交流》中提出了建立非机动车绿色通道的主张。

在近几年《中国园林》《北京园林》《城市规划》等刊物涉及到城市带状公园

绿地相关内容的论文中，况平的"城市园林绿地系统规划中的适宜度分析"讨论了景观规划中的适宜度分析方法，介绍了城市绿地系统规划中应用该方法的过程及结果并进行了剖析。刘滨谊所著的《国内外景观规划设计热点纵横——理论、技术、创新》结合国内外近年来建筑学领域理论研究与工程技术发展，阐述了景观区域规划、大地景观和可持续发展理论，介绍了遥感和 GIS 技术在风景资源调查、景观美感量化与城市绿地系统规划中应用的原理以及提出走向现代动态景观的理论与实践（刘滨谊，1999）；王永洁所著的《城市绿地系统规划初探》提出了城市绿地是高质量的城市环境和文明城市的重要标志，城市绿地系统规划要以生态城市理论和行为理论为指导（王永洁，1997）；洪金祥的"城市园林绿化与抗震防灾——唐山市震后绿地作用与建设的思考"分析了城市园林绿化在震后发挥的作用，介绍唐山地震后两次绿地系统规划的指标和特点，提出了城市绿地系统规划建设的抗震思路（洪金祥，1999）；汪阳的"对我国城市园林绿地系统规划专业技术现状的分析与思考"根据我国近 50 年来城市绿地系统规划建设的发展轨迹，提出这门专业技术中一些核心技术，如指标体系、布局结构和城市设计等所存在的主要问题，在分析总结的基础上，提出相应的解决途径（汪阳，1997）；李敏的"高密度人居环境中绿色空间的拓展——佛山市城市绿地系统规划研究"通过对佛山城市概况和市区绿地现状的分析，论述了佛山市城市绿地系统规划工作的基本框架，探讨了如何在高密度人居环境中拓展绿色空间的难题（李敏，1997）；茹蒇的"浅谈中小城市绿地系统规划"阐述了城市绿地系统规划应按照《城市与自然共存》的原则，引入《大地景观规划》手法，将规划范围扩展到整个市域，对整个市域绿色开敞空间进行合理布局（茹蒇，1997）；李敏所著的《计算机技术在城市绿地系统规划中的应用》通过对计算机技术在佛山市城市绿地系统规划工作中应用实例的分析，论述了如何利用航测资料制作数字正射影像图求算绿化覆盖面积，如何利用现场调研资料制作的数字化绿地现状图、建立绿地属性数据库，求得城市绿地率、绿化应用树种、绿地空间分布、植被生长状况等规划指标的技术方法，并介绍了规划成果的后期数字化制作与办公自动化应用途径（李敏，1999）；贾建中所著的《中山市园林城布局结构特色——从中山市城市绿地系统规划谈起》提出从城市性质出发，面向 21 世纪对城市自然环境的目标（贾建中，1998）；吴弋所的"现代城市绿地系统规划特点"提出中等城市绿地布局的概念和方法（吴弋，2000）；魏民所著的《构建城市的绿色网络》提出城市绿地系统应形成网络状布局（魏民，2002）；王绍增所著的《城市开敞空间规划的生态机理研究》从生态机理研究城市绿地布局形式（王绍增，2001）；黄国平著《作为城市生态基础设施的城市防护林体系》阐述了科学的方法和理念保护和建设好城市防护林体系（黄国平，2005），北京林业大学园林学院硕士论文《我国城乡结合部基本情况和问题分析》中阐述了北京市绿化隔离地区规划实践。此外，还有许多论文从社会学、美学、法学等多角度对城市带状绿地规划设计及实践作了论述。如刘滨谊、余畅在 2001 年《中国园林》第 6 期题为《美国绿道网络规划的发展与启示》一文中阐述了美国的绿道的形成、概念、类型和网络意义。

此外，刘骏、蒲蔚然对新编《城市绿地分类标准》(CJJ/T85 - 2002)中有关带状公园的划定依据、居住绿地和道路绿地是否应单独列项、小区游园应划归哪类用地、城市绿化隔离带与城市组团隔离带如何判定等内容，提出了自己的几点意见，认为新标准中的城市绿地分类，总体上符合城市绿地分类原则，新的分类标准总结了以往城市绿地分类的特点，并进行了许多有益的修改和调整。如将原来的"公共绿地"更名为"公园绿地"，增加了城市绿化隔离带、湿地等绿地类型，但对关于带状公园的划定在新的分类标准中定义为"沿城市道路、城墙、具有一定休憩设施的狭长形绿地"。

1.2.3　评价

综上所述，西方各国和我国涉及城市带状绿地规划设计理论及实践的研究性作品虽然也有一些比重，对基本原理的阐述、对个案的分析、对解决问题的方法等方面均有一定的研究基础，但纵观全局，不难发现全方位系统地研究论述寥寥无几，尤其是对中国在城市化进程中城市带状公园绿地规划设计理论及实践中全局性问题研究力作尚未出现。具体表现在以下几个方面。

(1)点面研究资料多，专著论述罕见。从查阅的全部文献资料来看，所有对城市带状公园绿地规划设计的研究都散见于风景园林规划设计、城市规划的著作中，在行文上涉及的均为点、面分析，就个案点评为主，章节论证不多见。这些论述虽然不乏真知灼见，但因篇幅的限制，使读者很难系统把握城市带状公园绿地规划设计理论。

(2)依园林景观规划设计基本理论知识阐述城市带状公园绿地规划设计的论述多，结合社会学、生态学、经济学、法学系统研究城市带状绿地规划设计的文章少。

绝大多数涉及城市带状公园绿地规划设计的论文只是以园林景观学中的评判标准对城市带状公园绿地规划设计的理论进行研究探讨，即使有些文章涉及到社会学、生态学、经济学、法学等学科的内容和评判标准，但也是浅层次的描述引进，很少能综合运用这些相关学科的基本理论，结合园林景观规划设计理论全面地对城市带状公园绿地规划设计的研究，形成城市带状公园绿地规划设计成为既有自己学科特点，又有交叉学科综合内容的科学。

(3)对城市带状绿地规划设计作品评论、论述虽多，但作品区域面覆盖较窄。不少学者对城市带状公园绿地规划作品做了理论上的探讨，但都集中在对北京、上海、深圳及省会大都市的作品，对其他地区，尤其是中部地区和西部欠发达地区的城市带状公园绿地规划设计作品探讨较少，对县城、县级市城市带状绿地规划设计作品探讨更为罕见。因此，在中、小城市居多、欠发达及贫困城市还存在的现实国情里，对全国大多数城市带状绿地规划设计的实践指导意义略显不足。

1.3 研究内容及方法

1.3.1 研究内容

首先，本书简要地陈述了研究对象的背景和意义，介绍了中外园林界对这一课题的研究现状，提出了研究的目标、内容结构和采用的方法。

其次，从源头上对西方和我国的城市带状公园绿地发展历史进行了梳理，说明了城市带状公园绿地在西方、中国都具有悠久的历史和渐进式的发展过程，剖析了西方长期存在城市带状公园绿地，却不存在城市带状公园绿地这一专用术语的原因是由于中西方语言文化和思维定势、习惯在西方根深蒂固的差异而导致。

第三，讨论了与城市带状公园相关的公园道、绿色通道、绿色廊道的概念及区别，分析了公园道、绿色通道、绿色廊道与城市带状公园绿地的相互关联，并在此基础上总结和归纳了城市带状公园绿地的类型和功能。然后从城市绿地系统规划的角度入手，通过对城市公园绿地和其他类型城市绿地的数据分析，西方有代表性大都市与我国大城市人均公园绿地的面积比较及我国城市建设用地中附属绿地和带状公园绿地的比重研究，推演出城市带状公园绿地在城市公园绿地中的比例不足的结论；介绍了我国一些城市用用开放和改造城市附属绿地来扩大城市带状公园绿地、实现扩大城市绿地使用率和提高城市生态环境质量的做法。说明这是在现实的国情下，应该积极提倡的城市绿地建设发展方向。还从理论上阐述了在规划设计城市带状公园中应遵循系统性原则、自然优先原则及以人为本原则，并用实际案例作出剖析论证。

第四，本书根据景观生态学理论，对城市带状公园绿地的生态廊道作用进行了理论上的阐述。同时以卫星影像为基本资料，选择北京市海淀区的局部区域作为研究区，用实例分析求证城市带状公园的比例及廊道特征。

最后，著者对自己参与实践规划的杭州市滨江区城市带状公园绿地进行了剖析。

1.3.2 研究方法

1.3.2.1 实证分析法

实证分析法是在实证主义(positivism)基础上产生发展的。实证主义的创始人为法国社会学家孔德(Auguste Comte,1798~1857),其学说渊源来自于英国经验主义的哲学传统。实证主义学衍百年,历经三代,是近代欧美最有影响、势力最大的哲学流派。实证分析法用胡适先生所言,即"大胆地假设,小心地求证"。通过实证分析,得出科学规范的结论。

城市带状公园作为园林学中新出现的专业术语,其自身的存在是必要的前提。因此,本论文采用实证分析的方法,通过对中西方园林发展历史的简明、扼要梳理,提出城市带状公园长期存在于中西方园林的论断,并通过实证加以分析,得出城市带状公园是一种相对独立的公共园林类型的结论。

1.3.2.2　景观生态学方法

景观生态学(landscape ecology)是地理学与生态学交叉形成的学科。1939年,德国地理学家特罗尔(Troll)在利用航片研究东非土地利用和开发问题时,将景观学与生态学结合起来,首次明确提出这一学科概念。20世纪60年代后,世界范围内环境保护运动的兴起,生态问题越来越被重视。福尔曼与戈德伦在《景观生态学》(*Landscape Ecology*)一书中为景观生态学作出如下定义:即景观生态学的研究对象是景观,研究重点是景观的结构、功能和变化。我国学者徐化成在原有基础上对景观生态学的研究内容做了必要的扩充。他认为,景观生态学的研究内容不仅包括景观的结构、功能和变化,还包括景观的规划和管理(徐化成,1995)。可见,景观生态学是以景观为研究对象,重点研究景观的结构、功能和变化以及景观的科学规划和有效管理的一门宏观生态学科。

城市带状公园与其他类型的城市公园相比较,最大的不同是由于其带状形态而起到的生态廊道作用。本书用景观生态学的理论对城市带状公园的构成、功能、廊道作用作出解释,以此来体现其景观生态价值。

1.3.2.3　普遍原则与个案研究结合法

学术研究中的普遍原则是指适用于某一领域、某一学科中普遍适用的原则。个案研究就是对单一的研究对象作全面、深入的考察和分析,通过"解剖麻雀"的方式在一定程度上反映其他个体和整体的某些特征和规律。普遍原则与个案研究结合的方法,就是把孤立的个案研究与普遍原则结合起来,一方面用普遍原则检验个案,另一方面,用个案分析论证普遍原则,实现理论与实践的良好互动和结合。

把基本原则与个案结合起来研究是揭示城市带状公园规划设计一般规律的方法。在阐述城市带状公园规划设计基本理念后,以个案研究的形式来回应基本理念,从而得出相辅相成、相得益彰的理论启示和实践指导效果。

2 城市带状公园绿地发展历史

城市带状公园绿地是公园绿地的一种类型，在中西方园林发展的历史长河之中，事实上都存在此种类型的公园绿地。公元前 10 世纪，在喜马拉雅山麓，连接印度加尔各答和阿富汗的主干道中央与左右，栽种了 3 行树，或许这是人类历史上有记录的最早的道路绿带，也是城市带状绿地最原始的雏形。在随后的漫长岁月中，由于中西方的历史、语言、文化及其他条件的差异，西方的城市带状公园绿地和中国的城市带状公园绿地发展历史不尽相同，对该专用行业名词术语的认可和涵义理解也不尽相同。

2.1 西方城市带状公园绿地的发展简况

2.1.1 古希腊、古罗马时期

古希腊、古罗马时期是西方风景园林产生的起源时期。这一时期的风景园林以庭园园林为主。庭园园林在所有权上的特征是纯粹属于个人所有，即由国家的统治寡头和贵族拥有，附属于他们的个人和家庭住宅，供他们个人和家庭观赏和享用。而对外界和公众是一种全封闭的、几乎与世隔绝的状态，私密性极强。"随着罗马帝国版图的扩大，罗马庭园的形式也传到了世界其他许多地方。"（许浩，2003）

2.1.2 中世纪时期

进入中世纪之后，欧洲政教合一的国家统治形式使包括风景园林规划建设在内的"每一种人类活动的领域里，有组织的教会都有极大的影响。教会作为上帝在人间统治的代理人和天启整理的代理人"（梯利，1975），在这种情况下，除王公、贵族拥有城堡庭园外，神职人员的修道院庭园也有相当规模的发展。城堡庭园与修道院庭园并驾齐驱，成为西方中世纪风景园林发展的主流。但无论是城堡庭园还是修道院庭园都沿袭了古希腊、古罗马围墙环绕、与世隔绝的特征，风景园林仍然是极少数人的专利。因此，尽管古希腊、古罗马时期和中世纪在西欧诞生过诸如克里特庭园、托斯克姆别墅庭园等园林艺术作品，但公众的视线始终不能触及，始终游离于巍然耸立、厚实坚固的高墙之外。换言之，现代意义的城市公园，即面向大众，无论是统治阶级还是被统治阶级，无论是皇亲贵族还是平民百姓开放的园林绿地还不存在，或很少存在。而作为城市公园绿地一种类型的城市带状公园绿地自然也不存在。

2.1.3 近代

2.1.3.1 英国

巍然耸立、厚实坚固的高墙被打破，园林的绿叶繁花展现在公众的面前得益于意大利的文艺复兴运动。莎士比亚戏剧《哈姆雷特》中当哈姆雷特高喊出"人是天地之精华、万物之灵长！"的口号（莎士比亚，2001）向中世纪神权宣战时，平等成为推动市场经济发展的新兴资产阶级在政治上争取的首要目标，同时也逐渐成为社会生活的价值取向。正是在平等思潮的影响下，西方资产阶级革命的先驱英国从18世纪开始，浪漫主义与自然主义相结合的风景式园林应时而生。风景式园林中的田园风光为风景园林走出庭院、走向开放、走进普通大众的视野在欧洲乃至西方世界揭开了序幕。英国的海德公园（Hyde Park）、圣詹姆斯公园（St. James Park）、肯新敦公园（Kansington Garden）、绿色公园（Green Park）率先成为西方城市中最早真正面向大众开放的风景园林。

18世纪中叶至19世纪初，英国的圈地运动和工业革命不仅带来了英国雄居世界经济霸主的地位，也促使英国的城市化迅猛发展。在城市化进展的过程中，大批失去土地的农民纷纷拥进城市，"而城市中原来的基础设施严重不足，从而造成了住宅不足、居住区人口密度过大、城市卫生状况特别是贫民居住区环境恶化等一系列问题的产生。在1833年英国大霍乱流行后，当局迫于社会舆论开始着手改善城市环境。1833年，英国议会内设置的公共散步道委员会首次提出应该通过公园绿地的建设来改善不断恶化的城市环境"（许浩，2003）。随后，英国不少城市开始兴建城市公园，比较著名的有伦敦的摄政公园、伯肯黑德市的伯肯黑德公园。由于这些公园是在尊重人性、提倡平等思想盛行，出于改善城市生活居住条件、减少瘟疫流行的大背景下规划建设的，因此无论在规划理念、建设实践中都把面向公众开放作为指导思想和设计的理念原则。自此，自古希腊、古罗马时期十几个世纪以来风景园林作为宫廷、贵族、教会和富裕阶层的封闭性庭园艺术的藩篱被彻底撕裂，对全体公民开放的城市公园成为城市风景园林建设的主流。城市风景园林基本上实现了从为少数人服务到为多数人服务，从私密性到大众化、开放化的转变。1906年，英国议会以压倒性多数通过了人类历史上第一部与公园建设密切相关的《开放空间法律》，使面向公众开放的城市公园规划和建设进入了法治的时代，也为空间开放为主要特征之一的城市带状公园绿地的出现奠定了法律的基础。

2.1.3.2 法国

英国城市公园的兴起也带动了西欧另一个新兴资产阶级强国法国城市公园的发展。1832年霍乱大流行后，鉴于巴黎城市基础建设极端落后，居住人口密度过大，环境恶劣的情况，巴黎新任行政长官奥斯曼（George E. Haussman）开始改造巴黎市区。改造的重点工作之一就是在巴黎城两侧建造了布落涅林苑（Bois de Boulogne）和文塞纳林苑（Bois De Vincennes）。其中的布落涅林苑遵循拿破仑三世的园林规划思想，通过引入塞纳河水建造人工湖，将公园中的道路由直线改为曲线，设置动物园及供游人小憩的设施，大面积的灌木绿化，并在1856年修建了布落涅林苑连接巴黎城中心的林阴大道，也就是现代巴黎著名的福熙（Foch）大街。这条大街宽阔敞亮，呈长条状，中央为39m宽的马车道，其两侧设置大面积林带，同时辅以花卉、绿草。行人可在林带中穿行、小憩。沿街道的建筑物全部后退道路红线10m（徐浩，2003）。用现代的眼光来看，福熙（Foch）大街两侧的绿地，都有城市带状公园绿地的显著特征和功能。但是，由于西方的风景园林分类学中长期没有把带状公园绿地作为城市公园的一种类别，因此一直把福熙（Foch）大街两侧的绿地都笼统地作为宏观中的城市公园来对待和研究。此外，巴黎市区环城快速公路也是在城墙基址上建设的，修路的同时沿路开辟了大量带状花园绿地。

2.1.3.3 欧洲其他国家

除英国和法国外，欧洲其他国家许多大中城市如奥地利维也纳，德国科隆、莱比锡，意大利罗马等在这一时期也出现了许多典型的城市带状公园。其中较具代表性的有维也纳多瑙河沿河城市滨水带状绿地。这是1857年奥皇在多瑙河自西北向东南流经维也纳东北边，沿河的13世纪建立的古城墙拆迁基础上修建的长4km、宽57m的花园环路绿带。这条绿带上沿着多瑙河和河岸上的道路建设了大大小小不同造型的公园、花坛、喷泉、雕塑小品、柱廊等。另外，各种建筑缀于林阴大道和花园之中，环境优美，气势宏大。再如意大利改建罗马时沿奥勒利安城墙外侧修建了一条道路，在道路和城墙之间，规划建设了成片的花园绿地，构成了城市道路带状公园绿地。

此外，欧洲国家的一些小城市利用城墙或城墙地带开辟公园绿化带的也不乏其例，如荷兰的纳尔登、西班牙的塔拉戈纳直接利用城墙做绿化布置后成为城市带状公园。

2.1.3.4 美国

美国的风景园林，尤其是城市公园建设和城市带状公园绿地兴起后来居上。美国虽建国历史短，但由于其得天独厚的地理环境和移民文化，"与18世纪的人类其他任何部分相比他们或许更为自由、更少受到封建约束和等级限制的拖累"(戈登·伍德，1969)。几乎在没有经历奴隶社会和封建社会的情况下，就迅速成为资产阶级主持政权的国家。由于美国建国的先驱者们许多人是从欧洲尤其是英国飘洋过海移民来的先进知识分子和具有自由、民主、平等观念的清教徒，自由、民主和平等在建国时就成为美国政治制度和社会各方面生活的基本理念。尽管1857年之前美国有极为短暂的私人庄园、公共墓园和小规模场地设计、建设阶段，但美国的风景园林的发展史一开始就没有或极少古希腊、古罗马奴隶社会和西欧中世纪封建社会时期占主导地位、只供宫廷、贵族、教会和富裕阶层的大型封闭性庭园，大众性、开放性是美国风景园林的先天性特征。

1851年，纽约州议会通过了历史上第一部《公园法》，以法律的形式明确规定了议会授权、政府组织城市公园建设的制度，改变了西方国家尤其是英、法为代表的欧洲国家在城市公园发展初期阶段，由君主授权和组织建设的方式，促使了美国的城市园林建设与资本主义市场经济下的政治制度、财政和市政建设制度接轨，从而使城市公园起步后发展迅速，后来居上。1857年，奥姆斯特德(Frederick Law Olmsted)与合作人沃克斯(Calvert Vaux)设计的纽约中央公园(Central Park)成为美国城市公园兴起的标志。为适应城市居民随着工业化城市化的发展而向往逃脱都市喧哗杂乱、渴望回归自然的愿望，美国政府在许多大城市修建了如布鲁克林的希望公园(Prospect Park)、旧金山的金门公园(Golden Gate Park)、芝加哥的城南公园(South Park)等一批城市公园。在这次城市公园建设的运动中，"除了单一的公园外，在19世纪后半叶还出现了将城市公园、公园大道与城市中心连接成一整体的公园系统的思想"(王晓俊，2000)。1866年，时任美得坡撒大树林(Mariposa Big Tree Groves)和约瑟米提山谷(Yosemite Valley)保护委员会主席的奥姆斯特德与合作人沃克斯在纽约布鲁克林的景观公园规划项目中设计了从公园通往城市边缘的有公园气氛的车道公园道(parkway)就是这种思想的典型表现。于是产生了第一条公园道(parkway)(图2-1)。公园道宽78m，中间是马车道，两边种植着树木，是供行人和骑马者使用的部分，还有附加的公共交通线路。这种设计大面积增加了片状公园的范围。

公园道凝聚了崇尚自然、以人为本的时代精神，符合19世纪美国人民具有的开放和宽敞空间的审美理念，为步行和行车者带来视觉和生理上的舒适感，也迎合了当时社会学流

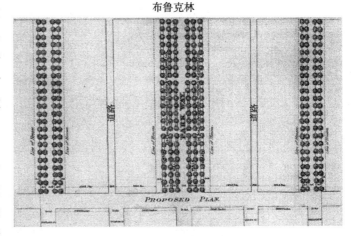

图2-1　第一条公园道

行的整体主义方法论，利于用地规划、土地经济效益有效的控制和发展，提高了社会和经济效益，其环境保护功能和美学上的鉴赏价值都给人们带来颇为完美的印象，一时间好评如潮。在人们的赞扬声中，有学者把这条公园道喻之为"绿色通道"（greenway）。查理斯·莱托（Charles Little）在对公园道及其他园林生态通道进行研究后，在其经典著作《美国的绿道》对绿色通道作出定义。于是绿色通道术语在西方的园林规划理论中被广泛应用，随后在保护生态空间意识不断增加的氛围中，绿色廊道这一术语又悄然产生。

可见，在奥姆斯特德与合作人沃克斯设计的公园路和被学者们称之为绿色通道或绿色廊道中，我们都能隐隐约约地看到城市带状公园绿地的身影，它在延伸的公园小路或其他自然走廊的一侧或两侧，其形态、特征、功能和规划设计的理念都与城市带状公园绿地的形态、特征、功能和规划设计理念有着许多的相似或相近。

美国城市公园运动时期，能体现与城市带状公园绿地的形态、特征、功能和规划设计理念相似或相近的公园绿地还有许多。其中，明尼阿波利斯公园系统中的带状绿地最为明显和突出。明尼阿波利斯（Minneapolis）是美国北部大平原地区明尼苏达州（Minnesota）的最大城市。位于该州东南部，明尼阿波利斯水资源丰富，大小湖泊有 1000 多个，世界第三大河密西西比河（Mississippi River）穿城而过，横跨两岸。城市面积 142.5km^2，包括附近郊县在内，面积 12626km^2，人口超过 40 万。市内多公园，西南郊湖泊区风景优美，有明尼哈哈瀑布等游览胜地。该市东与圣保罗（St. Paul）毗邻，组成著名双子城（Twin Cities）。1821 年，人们在密西西比河圣安东尼瀑布附近建立锯木厂，后移民渐增，在密西西比河东岸形成圣安东尼村。19 世纪中期圣安东尼村向西岸发展，1872 年两岸居民点合并设市。1883 年，景观设计师克里夫兰得（Cleveland）为明尼阿波利斯做规划时，明尼阿波利斯还是一个小镇。克里夫兰得让市长和决策者在郊区购买大面积的土地，用以建立一个公园系统。图 2-2 为 1883 年明尼阿波

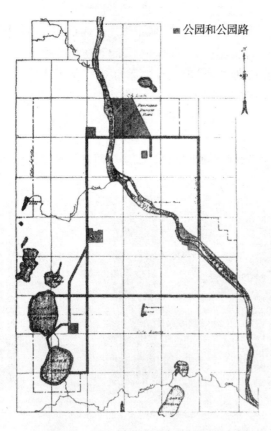

图 2-2　1883 年明尼阿波利斯公园系统规划

利斯公园系统规划。当时的土地还未被开发时，政府根据克里夫兰得的建议，非常廉价地买到了大块土地，这些廉价购得的土地被规划结合区域的河流水系建设成为城市中宝贵的公园绿地系统。在随后的明尼阿波利斯第一个公园绿地系统规划中，设计师规划了连接密西西比河和沼泽群，沿土地基线直行的林阴大道系统。后来因资金缺乏，这条直线林阴大道未能施工。取而代之的是沿着市区密西西比河岸边水系建设公园路。到 1920 年时，以水系为中心的环状公园系统初步形成。形成后的密西西比河两侧地带全部公园化，一直伸延到市东南部的明尼哈哈瀑布。沿线绿地上完整地保护了植物群落，同时建设了一定宽度的林阴大道，配备了相应的服务设施，使其成为居民心旷神怡的休闲场所。从这条沿河公园的形态来看，应该说它是美国城市公园运动时期最具有带状特征的城市公园绿地。

在建设密西西比河侧地带状公园绿地的同时，明尼阿波利斯还在市区周围的湖泊沿岸逐步建成了许多大小不一的公园，并且通过林阴道与密西西比河侧地带状公园绿地相互串联。这些湖滨公园犹如一条条蜿蜒的飘带托起蓝色的湖水、碧绿的草坪和金黄色的树叶，把诱人的风光展现在游人的面前（图2-3、2-4）。在随后的美国城市公园发展历史上，随着 1893 年芝加哥博览会引发的美国城市美化运动以及后来的华盛顿城市规划建设及芝加哥的规划、大波士顿区域公园系统的规划中，都有不少具有城市带状公园特征的绿地，如堪萨斯城中连接斯沃普公园和市内公园的林阴道、华盛顿美国国会议事堂到纪念碑的林阴道、芝加哥密歇根湖岸的公共绿地等。

2.1.4 现代

20 世纪初，霍华德的田园城市理论风靡西欧和美国，人类对城市应接近自然、回归自然的认识进一步加深，建设环城公园绿带成为许多西方园林景观的共识。1933 年，伦敦区域规划委员会提出了著名的绿带规划方案。"该方

图2-3　华盛顿规划鸟瞰图

林阴道方案

开放溪谷方案

图2-4　华盛顿波托马克公园路方案

案规划的绿带宽3～4km，呈环状围绕伦敦城市区，构成绿带用地的包括公园、运动场、自然保护地、滨水区、果园、墓地、苗圃等"（许浩，2003）。该绿带除了城市绿化、保护环境的作用外，提供居民休闲小憩的功能十分明显，环城绿化带中带状公园绿地特征突出。1938年，伦敦郡议会通过了《绿带法》（The Green Belt Act）。随后的几十年里，伦敦公园绿地建设加快，到1946年时，伦敦城绿带面积是伦敦土地面积1/4左右。19世纪末期，伦敦的很多行政区都颁布了一些关于绿带建设和管理的措施，英国的其他许多城市，尤其是大城市也模仿伦敦开始相继在城市规划和建设中规划出城市绿带范围，城市绿带的规划和建设成为英国城市风景园林的时尚。在城市绿带规划建设中，通过公园之间的绿带连接，营造和开放园地、林地，对滨水地区、旧城遗迹进行绿化，形成了众多的具有带状公园的绿地。今日漫步在伦敦街头和其他城市，可以看到呈带状的城市公园绿地比比皆是。

　　20世纪中期之后，全球性的环境恶化与资源短缺使保护城市生态的呼声日益强烈。顺应保护生态环境的历史潮流。在北美，汽车普及，成为道路上的主要交通工具。步行者和骑自行车者饱受尾气、噪音和安全的威胁。1969年美国宾夕法尼亚大学教授麦克·哈格（Lan McHarg）在其经典著作中《设计结合自然》中提出了综合性生态规划思想（王晓俊，2000）。这种将多学科知识应用于解决规划实践问题的生态决定论方法对西方城市园林产生了深入影响。合理利用自然，保护生态的观点和知识越来越被园林规划设计工作者所接受并运用于城市公园建设的实践，也促使具有极强保护城市生态功能的城市带状公园绿地得到了发展（图2-5、2-6）。

图 2-5　美国芝加哥水滨带状公园　　　图 2-6　美国波斯顿滨水带状公园

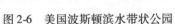

与此同时，其他国家在美国、英国的影响下，城市的规划建设中也注重了城市公园绿地的规划和建设，并根据各城市的地理特点，营造了一些具有带状形态的城市公园绿地。如 1971 年始建的日本横滨大通公园，全长 1.2km，为带状公园（图 2-7），原苏联在城市绿化建设中，成效显著，如阿塞拜疆首都巴库市滨海带状公园（图 2-8）。澳大利亚堪培拉市格里芬湖湖滨带状公园绿地也有特色（图 2-9）。

图 2-7　日本横滨市大通带状公园

图 2-8　巴库市滨海带状公园

图 2-9   格里芬湖滨带状公园

2.1.5   城市带状公园绿地未成为西方专业术语的原因

在简要地回顾和梳理西方城市带状公园绿地的发展历史之后，可以发现一个有趣却必须解释的问题，即西方城市带状公园绿地自城市公园产生之后，客观上就已经存在，或者说已经出现了它的萌芽，在近代和现代可以说都非常普遍。但是在西方的园林规划理论中，城市带状公园绿地这一术语为什么至今未出现，这也是一些中国学者对城市带状公园绿地是不是城市公园类别，能不能成为园林学中的一项专业术语抱有疑虑的潜在因素。究其根本原因，是由于中西方语言文化和思维定势的差异而导致。一方面，从英文到中文语言文字的翻译转化可能不能非常确切地表达英语的内在和全部含义。比如英文 greenbelt，中文常翻译为"绿带"，而其内在的含义却远比"绿带"要广泛。另一方面，西方的法治历史久远，习惯法是西方的法律主要渊源之一。受习惯法的影响，"习惯在西方人思维定势中具有强大的导向和推动力"（约翰·麦克里兰著，彭淮栋译，2003）。由于几个世纪以来，城市带状公园绿地没有作为城市公园的专门种类与其他类型的城市公园相甄别，因此，也就长期得不到术语化。这两点或许应该是至今在我国翻译的西方园林规划设计理论著作和文章中没有出现城市带状公园绿地这一专门术语的"秘密"。然而，就像许多已经成为事实的现象并未被术语化一样，西方各国的城市带状公园绿地早已存在，至今还在不断发展却是不争的事实。

2.2   中国城市带状公园绿地的发展简况

中国园林在古代主要类型为皇家园林、私家园林和寺观园林。古籍中"园林"的最早称谓"园囿""囿游""苑囿"都是指天子及诸侯蓄养禽兽、狩猎、观赏、娱乐的场所（曹林娣，2005）。魏晋南北朝出现"园林"这一术语也是随着士人园这种只供少数人休闲的场所出现才产生。城市公共园林在 2000 多年的封建社会里，始终处于附属和次要的地位，发展速度和规模与西方国家尤其是西欧和美国相比要缓慢和弱小得多。可见，形成这种状况的原因很多，但最根本、最重要的一点是因为推动西方封建社会"庭园园林"走向公共园林、大众园林的自由、民主尤其是平等的观念在中国姗姗来迟，中国的封建社会太漫长，皇权意识太强大，自由、民主、平等的理念太微弱。正因为如此，西方的园林历史中理论及实践活动中公共园林的比重与供皇室和贵族所有的庭园园林比重要小，中国园林史大部分记载和研究的是供少数人享用的皇家园林、私家园林、寺观园林，对公众敞开大门的城市园林始终处于非主流地位。中国园林史研究的绝大部分的论著也是围绕皇家园林、私家园林和寺观园林而展开。即使如此，却还能在中国古代园林史中寻找到城市带状公园发展的蛛丝马迹。

2.2.1　过境道与甬道

在中国早期封建社会的道路和皇家园林中，城市带状公园绿地的萌芽出现在过境道、街道和甬道中。公元前 606～公元前 586 年周定王在位时，《国语·周语·单襄公论陈》记述道："……火朝觌矣，道茀不可行，侯不在疆，司空不视涂，泽不陂，川不梁，野有庾积，场功未毕，道无列树……"就有了过境道路两旁栽种行道树的做法。《周礼》记载，公元前 5 世纪周朝由首都至洛阳的道路中有许多列树，可供往来过客在树荫下休息。

公元前 221 年即秦始皇统一中国之后，为建立高度集权的封建政权，彰显至高无上的皇权威严，大兴土木，在都城咸阳及周边区域实施"大咸阳规划"。当时因按"大咸阳规划"，宫苑的主体沿南北轴线向渭水南转移，在起着统摄全局的咸阳宫与其他宫苑间通过修建宽阔的甬道相互连接，浑然一体。"甬道，《史记正义》中释为：'于驰道外筑墙，天子于中行，外人不见。'秦始皇统一六国后'为弛道于天下，东穷燕齐，南极吴楚。江湖之上，滨海之观毕至。道广五十步，三丈而树，厚筑其外，隐以金锥，树以青松（周维权，1999）。'"从这段文字介绍的甬道当时两侧行道树的种植情况来看，大片巍峨挺立的古松绵延舒展，四季常青的松针苍翠滴绿，其线状形态和美化、保护环境的功能上毋庸置疑的具有带状绿地的特征。当然，由于甬道只供皇帝巡游时使用，平民百姓无从涉足，其两侧带状的绿地不是公共绿地，也就不能称之其为现代意义上的城市带状公园绿地。但是，作为中国城市带状公园绿地的萌芽，或者言之为史记中中国城市带状公园绿地的最早踪迹之一应该是符合客观实际。

2.2.2　会稽兰亭及长安公共园林

从园林分类学的角度而言，城市带状公园绿地作为城市公园的一种类型必须依托于公共园林的产生。中国的公共园林何时产生，古代的文献中触及得很少，一般认为是在东晋时期。在现存的许多历史文献中被提及的会稽近郊的兰亭是大多数学者公认有记载最早的公共园林。尤其是晋穆帝永和九年（公元153年）暮春三月三日，王羲之、谢安、许询、支遁和尚等在会稽兰亭的诗会和王羲之千古传诵的《兰亭集序》使会稽兰亭名扬天下。至唐朝时，在经济、文化发达的较大城市里，用来供文人墨客聚会吟唱、市民们休闲小憩的公共园林都已经出现。柳宗元在其《零陵三亭记》中写道："零陵县东有山鲡，泉出水中，沮洳污涂，群畜食焉，墙藩以蔽之。为县者积数十人，莫之发视。河东薛存义，以吏能闻荆楚间……乃为墙藩，驱群畜，决疏沮洳，搜剔山鲡，万石如林，积坳为池。爰有嘉木美卉，垂水。聚峰，玲珑萧条，清风自生，翠烟自留。"就是对当时他任职零陵期间对一处公共园林的描述。在当时的都城长安，"开辟公共园林比较有成效，包括三种情况：一、利用城南一些坊里内的岗阜……'原'，如乐游原。二、利用水渠转折部位的两岸而创以水景为主的游览地，如著名的曲江。三、街道的绿化"（周维权，1999）。

从当时长安城里这3种公共园林的类型来看，无论是原、还是沿水两岸以水景为主的游览地及街道两侧的绿化，在形态上、功能上都与现代城市带状公园绿地几分相似。如乐游原就是一块东西走向的狭长形带状土原。再如曲江，位于长安城的东南，隋朝初期宇文恺修建大兴城时开凿了一条长10km余名为黄渠的引水渠与曲江连接扩大了水面，曾一度被隋文帝改名为芙蓉池。曲江池形态上带状明显，记载中池水充沛，沿岸林木葱郁，是一处大型的公共园林，其与现代滨水带状公园绿地相差无几；而长安古城在唐朝时城内的主要大道为3条南北向大街和3条东西向大街，道宽都在百米以上。"街的两侧有水沟，栽种整齐的行道树，称为'紫陌'，远远望去，一片绿荫，'下视十三街，绿树间红尘'。街道的行道树以槐树为主，公共游憩地则多种榆、柳"（周维权，1999）。带状公园的形态特征更为显而易见。此外，隋唐洛阳城的洛水、伊水和大运河是典型的滨河带状景观。在这以后的各朝各代中，城市带状绿地景观建设有了进一步发展。

2.2.3　西湖及卢沟晓月

宋朝是中国园林的成熟时期。公共园林比起隋、唐时期更为多见。如北宋时的东京城内的许多低地或池塘沿岸都进行了绿化，种植了柳树等植物，根据地势建设了楼台庭榭，池内养荷花等供市民游憩。东京街道也很宽敞，市中心的天街宽约200m，当中的御道和两旁行道之间的"御沟"中"尽植莲荷，近岸植桃、李、梨、杏，杂花相间。春夏之间，望之如绣"。"城里牙道，各植榆柳成荫"（孟元老《东京梦华录》）。东京城当时的这些公共园林，尤其是市中心的天街两侧的绿地，无论从形态还是供市民游憩、观赏的功能来看，都类似现代的城市带状公园绿地。到了南宋，临安城（今杭州）的西湖把中国天然的山水园林推至高潮，各类园林镶嵌在明镜般的湖边，各抱地势，或依山、或傍水；而在园与园之间，大道小径，纵横阡陌，绿树如云，芳草如织，在西湖滨岸构成了一圈绿色的飘带。在这座当时世界上罕见的广阔城市公共园林里，可以想象具有城市公园的带状绿地的景观了。

除临安外，北宋其他经济文化较为发达的城市还有不少的公共园林，这些公共园林因年代久远，详细的情况现在无法考证。但从当时临安城的公共园林状况来推测，公园中的带状绿地一定不少。到了辽、金时期，都城北移至今日的北京一带，随皇家园林和寺观园林的兴建，京城城内以及近郊的人工河流和天然水系很多都进行了绿化，点缀了亭台楼榭，成为京城市民游憩的公共园林。在这些公共园林中，也有不少具有城市带状公园绿地特征。比如"燕京八景"之一的"卢沟晓月"河流两岸，历史记载栽植了成片的柳林，绿荫如盖，是当时燕京市民常常游憩的绿地。再如城西郊的西湖（今日的莲花池）面积数十亩，有泉涌出，"倒影花枝照水明，三三五五岸边行"（于杰、于光度，1989），滨水带状公园绿地形态十分明显。

2.2.4　什刹海及桂湖

在南宋、北宋、辽、金朝的城市园林发展的基础上，元朝、明朝和清朝的城市园林又进一步成熟发展。尤其是在北京，自明代成祖迁都于此后，随着皇家园林的不断扩建，公共园林的规模也有所扩大，全国许多城市都建设了公共园林。明亡之后，清初的康乾盛世时期，由于国力的强盛和康熙、乾隆的雄才大略，尤其因为乾隆帝具有很高的文化素质及"山水之乐，不能忘于怀"的喜好，皇城、宫殿、行宫皇家园林的规模不断扩大。与此同时，全国范围内的公共园林又有较大的发展。其中较为著名的包括清乾隆年间建立的 $50hm^2$ 左右、长 6km 左右的锦带型的扬州瘦西湖，标志着城市带状绿地景观发展到了高度成熟阶段。此外，还有北京的什刹海、陶然亭，南京的玄武湖、昆明的翠湖、济南的大明湖、九江的甘棠湖等。一些公共园林因地理条件和规划设计的作用，岸边出现了许多大面积的带状绿地，明、清时期北京城里的什刹海沿岸的公共园林、四川新都县城内西南隅的桂湖就是非常典型的例子。

北京什刹海原名积水潭，是元代大都城内的漕运码头。当年的什刹海水面辽阔，所有南方来的商船、粮船和客船都在此停泊。明朝初期，因元大都北城被毁，北城墙向南部方向迁移了大约 2.5km。"永乐年间因皇城扩建，将积水潭的下游圈入西苑之北海，缩小了积水潭的面积。新辟的德胜门大街往南穿过积水潭，又把水面一分为二，当中建德胜门桥沟通。西半部水面的北岸因有佛寺净业寺，人们习惯上把这个水面称之为净业湖。东半部水面因德

图 2-10　北京什刹海

图 2-11　四川新都桂湖景色

胜桥附近的北岸新建佛寺'什刹海庵'，习惯上把这个水面叫做什刹海"（周维权，1999）。根据史料记载，当时什刹海和净业湖中荷花亭亭玉立，沿着水岸，贵戚官僚的私家园林别墅像一颗颗珍珠散落天水之间，一行行绿树把这些私家园林别墅串联起来，狭长的水域两岸"花木欲深色香聚，稻田全覆绿云屯"，游人不断，宛如一派江南水乡风光，许多地段具有非常鲜明的现代城市带状公园绿地的特征。图 2-10 为北京什刹海景色。

四川新都的桂湖原为明代大学者杨升庵的故居地，湖面开阔。人们为了纪念这位学者在湖畔修建了"升庵祠"用于祭祀。明朝后期，桂湖逐渐被淤泥堵塞。清朝乾隆年间，变为水田。嘉庆年间，又经过疏通复为湖，宽阔的水面变成修长。经过逐年的建设，沿着修长的湖岸筑造了一些亭、阁，种植的林木和花草，水中夏季盛开着荷花，秋季飘香着丹桂，成为对公共开放的典型城市带状公园绿地（图 2-11）。

2.2.5　现代

清末的腐朽统治最终引发了武昌起义。辛亥革命之后，军阀割据，战争连年，北伐战争之后，中国又经历了国内革命战争、抗日战争和解放战争。由于烽火不断，国无宁日，财政短缺，中国城市的基础建设发展缓慢。辛亥革命到新中国成立的 38 年间，公共园林建设自然也就举步为艰。但由于辛亥革命推翻了统治中国两千多年的封建帝王制度，随着民族资本主义的发展和西方商业文化的进入，中国城市尤其是一些沿海城市的社会生活内容与城市结构的形式逐渐发生了变化。作为封建社会只供皇室享乐的皇家园林随着皇权统治的土崩瓦解，纷纷改变其园林的所有权性质，成为对公众开放的城市公共园林。一些达官显贵的私家园林，也随着昔日的主人退出历史舞台，以不同的形式向普通百姓敞开大门。正因为如此，尽管这一时期中国公共园林的建造无论在规模和数量上都非常有限，但因以往在中国园林中占绝对主流的皇家园林、私家园林的性质改变成公共园林，城市市民，尤其是大都市的市民实际占有的城市公园绿地得到大幅度提高。在这些因性质转变而成为对公众开放的园林中，有不少带状绿地。但因"1937年以后大规模连年不断的战争和灾荒等天灾人祸⋯⋯各城市市容萧条，街道树残缺不全，幸存的一些公园设施破坏，游人寥寥"（杨赉丽，1995）。包括城市带状公园绿地在内的城市公园都残破衰败。

新中国成立后，随着城市基础建设的开展，中国的公共园林建设有了较大规模地发展。至20世纪50年代末期，全国县以上的城市基本上都建立了公园。这些公园中，自然有许多带状绿地。在一些大城市和海滨城市，城市带状公园绿地纷纷展现在国人面前。文化大革命期间，中国的城市园林建设遭到了严重摧残和毁坏。1978年党的十一届三中全会后，我国的公共园林进入了恢复发展时期，通过清退被侵占、蚕食绿地的工作，部分恢复了"文革"前的状态。自20世纪80年代后，全国人大常委会、国务院先后颁布了《中华人民共和国环境保护法》《中华人民共和国城市规划法》《城市绿化条例》《风景名胜区管理暂行条例》等法律法规，使园林绿化工作走上了法治化的轨道。80年代中期，许多城市在绿地系统基本框架中突出了绿带，城市带状公园有了进一步发展，如西安环城公园规模较大，周围绿地景观宽达200～300m，保护了古城墙，体现了古氛旧制特色（图2-12）；合肥市建造了总面积173.6km²，长8.7km的环城公园和花园街，做到了溶解公园，让人民生活在公园似的环境里（图2-13）；济南的环城公园突出了泉水的优势和特点，地处繁华的老城区，沿护城河建设而成，全长4.71km，总面积26.3hm²，河道宽10～30m，水面面积8.4hm²，河道两侧绿地10～59m，绿地面积达12.5hm²（图2-14）。进入新世纪，中国的

图2-12 西安环城带状公园

图 2-13 合肥环城带状公园

图 2-14 济南环城带状公园

图 2-15 北京皇城根带状公园

城市基础建设进入了中国历史上最迅猛的发展时期，中国的城市公共园林建设也走上了蓬勃发展的快车道。2003 年城市建设年报统计，我国的城市绿地覆盖率已经提高到 31.15%，人均公共绿地面积达了 $6.49m^2$，绿地率为 27.26%。在城市绿地中，城市带状公园绿地所占的比重也呈逐步上升趋势。以北京为例，北京市从 2000 年起开始注重城市带状公园的建设，共建造了明城墙遗址公园、菖蒲河公园、皇城根遗址公园、元大都城墙遗址公园等，这些公园都是典型的城市带状公园绿地。图 2-15 为北京皇城根遗址公园立碑简介，碑文中言公园为"城市带状公园绿地"及其规模、功能、服务等内容。

半径、位置等形成绿带，极大地增加了城区大型绿地比例，使北京城市生态环境有所改善。21 世纪之后，各城市在环境不断恶化的情况下，注重对水环境的保护，先后对滨水绿带的建设有了可持续的生态规划设计，如天津海河两岸带状公园（图 2-16）、黄浦江带状公园（图 2-17）、沈阳南运河带状公园绿地（图 2-18）、珠海情侣路带状公园（图 2-19）。另外，城市带状公园绿地在我国城市中大幅度增加，北京市将在城市主环路两侧、公路两侧、河道两侧结合周边环境规划建设 100 多个带状公园。

图 2-16　天津海河带状公园

图 2-17　上海浦东沿江绿带

图 2-18　沈阳南运河带状公园

上海浦东新区的世纪大道，从陆家嘴一直延伸到世纪公园（原中央公园），全长 4.47km，规模宏大（图 2-20），作为一种具有自身特点、在美化城市环境保护城市生态活动中起到重大积极作用。

图 2-23　珠海情侣路带状公园

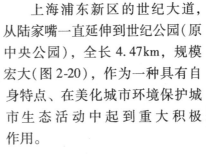

图 2-20　上海世纪大道带状公园

3 城市带状公园绿地的概念、类别及规划设计原则

3.1 公园道、绿色通道、绿色廊道的概念和类别

3.1.1 概念

在对西方和我国城市带状公园绿地的历史作出回顾和梳理之后，有必要对城市带状公园绿地的概念和类别作出讨论。在 2.1 中阐述了城市带状公园绿地与公园道(parkway)、绿色通道(greenway)、绿色廊道(green corridor)的相关联系，指出在奥姆斯特德与合作人沃克斯设计的公园道和被学者们喻之的绿色通道或绿色廊道中，其中隐约能看到城市带状公园绿地的身影，它们在形态、特征、功能和规划设计的理念上都与城市带状公园绿地的形态、特征、功能和规划设计理念有着许多的相似或相近。那么，它们与城市带状公园绿地有没有区别呢？对这一问题作出讨论，将有助于我们对城市带状公园绿地的概念有一个清晰的认识。

3.1.1.1 公园道

第一条公园道是 1866 年由奥姆斯特德与合作人沃克斯规划设计的。设计的初衷是为了解决面临日益严重的城市化问题，它的最显著特点是把该道路两边原先已有的分散、独立、零星、规模不一的天然和人工绿地衔接起来，形成公园道，从而构成一个统一规划、系统完整的网络化城市绿地系统，以达到美化城市，保护城市生态环境，为市民提供休闲场所，为行人和骑自行车者提供专用的绿色屏障的目的。奥姆斯特德的设计思想凝聚了崇尚自然、以人为本的精神，符合 19 世纪美国人民具有的自由、民主理念，也迎合了当时国际风景园林规划设计界流行的开放和宽敞空间的审美观和当时社会学流行的整体主义方法论，而且该道路建成之后所产生的经济效益、生态保护功能和美学上的鉴赏价值都给人们带来颇为完美的印象，所以好评如潮。公园道作为连接城市公园之间、城市公园与郊外之间、形成城市绿色生态系统的

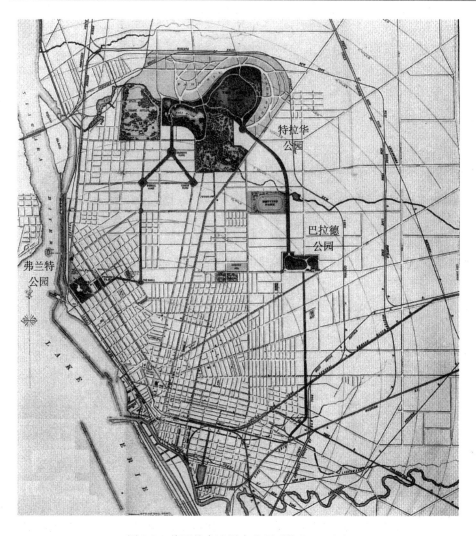

图 3-1　美国的布法罗市公园系统(1860 年)

网络脉络的形式绿地而成为风景园林规划设计理论的术语随之自然产生，并被园林理论界自然确认和运用。图 3-1 为奥姆斯特德在 1860 年规划的布法罗(Buffalo)公园系统，公园路宽 61m。由奥姆斯特德在美国发起反对方格网布局、于 1922 年规划并破土动工的威斯特彻斯特县公园系统(Westchester County Park System)，其覆盖范围以纽约向北方向伸展(总工程师 J·唐纳(Jay Downer)，景观建筑师基摩·D·克拉克(Giemore D. Clarke，当时的工程技术人员)，连接着威斯特彻斯特内所有的娱乐游憩区域。公园道在此时是一个崭新的概念，因为它不同于古典主义的林阴大道(刘滨谊，1999)。1932 年威斯特彻斯特县公园系统规划基本形成了该区域现在的公园系统格局。公园系统主要有 8 处公园、2 处保护区(reservation)和 9 条公园路构成，公园道总长为256km，这时机动车取代马车作为主要的代步工具，公园路基本宽度不低于

75m(许浩，2003)。

3.1.1.2　绿色通道

绿色通道简称绿道。绿道规划溯源于19世纪的公园规划时期。在公园道这一专用名词术语出现之前，美国作家威廉姆·怀特(William H. Whyte)和居住与城市发展机构(Housing and Urban Development)很早就开始使用绿道这一词。自公园道成为风景园林规划设计理论的术语之后，公园道在人们的心目中常常看作是绿道的一种。在一些著作中，甚至还有混用的情况发生。1878~1895年，奥姆斯特德建立美国第一个公园系统——波士顿城市公园系统的翡翠项链(图3-2)。这一16km长的公园系统被公认为是美国最早规划的真正意义上的绿道。翡翠项链是沿着淤积河泥排放区域建造的，它对于清除河流的严重污染起了很大的作用，成为连接波士顿和布鲁克林的一个外排水通道。因此，对该河流的水质保护就是美国第一条绿道规划的重要内容。

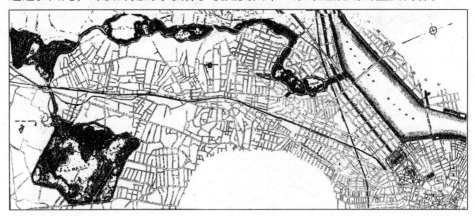

图3-2　波士顿城市公园系统的翡翠项链——美国最早规划的真正意义上的绿道

在19世纪末，查尔斯·爱里沃特(Charles Eliot)规划了一个更加综合的市域层次的公园系统。他在波士顿650km²的市域范围内创建了绿道和开放空间的框架，规划把3条主要河流和6个基本连通的大型开放空间有机地融入到该地区的外围。20世纪，开放空间规划设计理念在这一时期开始占据主导地位，查尔斯·爱里沃特二世(Charles Eliot Ⅱ)在1928年首先为马萨诸塞州起草了一个跨州层次的开放空间规划。在20世纪60年代的环境保护运动中，景观规划设计师菲力普·路易斯(Philip H. Lewis Jr.)在威斯康星州倡导了另外一个跨越州际的远景规划。该规划的重要意义在于：第一，创建了一个跨州的被称之为环境走廊的绿色空间和绿道网络；第二，规划的大部分是沿着河流、小溪和湿地系统；第三，除一般所注重的自然资源外，路易斯还鉴定了许多文化资源，他将220个具有游憩价值的自然和文化资源绘制成图，其中自然资源和文化资源各占一半。与此同时，威廉姆·怀特(William H. Whyte)又一次提出了绿道(greenway)的概念，20世纪70年代，丹佛(Denver)实施了

北美第一个较大范围的绿色道路系统工程。1998 年 1 月由废弃铁路改作步行
道保护委员会(Rails – to – Trails Conservancy)(RTC)组织的全美第一届有关州
游步道和绿道的国际会议举行。这届会议讨论了 20 世纪 60 年代由于美国的
货运重心从铁路转移到卡车,许多铁路被废弃,因此兴起的废弃铁路变游步
道的运动。到了 70 年代后,绿道在文学作品和建筑业、园林界开始频繁出
现。美国总统委员会有关户外空间报告中第一次以官方的名义使用了绿道一
词。自此,绿色通道成为人们公认的行业专门术语。这一术语的出现,把包
括公园道在内的所有沿着自然走廊、起到保护生态、美化环境、供人游憩的
自然景观和人工景观囊括其中。最终,查理斯·莱托(Charles Little)在其经典
著作《美国的绿道》(*Greenway for American*)中为绿色通道作出了权威性定义:
"绿道就是沿着诸如河滨、溪谷、山脊线等自然走廊,或是沿着诸如用作游憩
活动的废弃铁路线、沟渠、风景道路等人工走廊所建立的线型开敞空间,包
括所有可供行人和骑车者进入的自然景观线路和人工景观线路。它是连接公
园、自然保护地、名胜区、历史古迹及其他与高密度聚居区之间进行连接的
开敞空间纽带。如美国新英格兰地区州级层次绿道规划(图 3-3)、美国东海岸
绿道规划(3-4)。从地方层次上讲,就是指某些被认为是公园路或绿带(greenbelt)的条状或线型的公园。"之后,美国陆续又出版了至少 7 部有关绿道和游步道的论著。同时,有关绿道规划和实施的信息也开始大量地在区级和州级的会议中得以传播。此后,除了铁路游步道外,美国现在每年还在零散地规划和建造大量的绿道。这些绿道和游步道大部分是用作徒步旅行和其他相关娱乐活动的。正如美国保护基金绿道项目负责人爱德华·迈克曼所说,美国有一半以

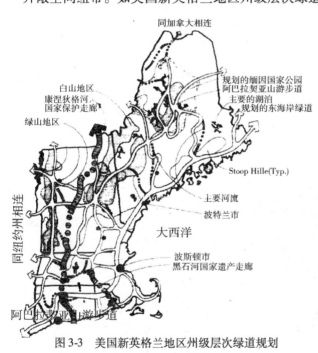

图 3-3　美国新英格兰地区州级层次绿道规划

上的州进行了不同程度的州级层面的绿道规划和建设。20 世纪末,随着户外开
敞空间规划运动的热潮,绿道规划也越来越被世界许多国家城市景观规划师所
重视。不少专业人士预言,绿道网络规划必将成为 21 世纪户外开敞空间规划的
主题(刘滨谊,2001)。

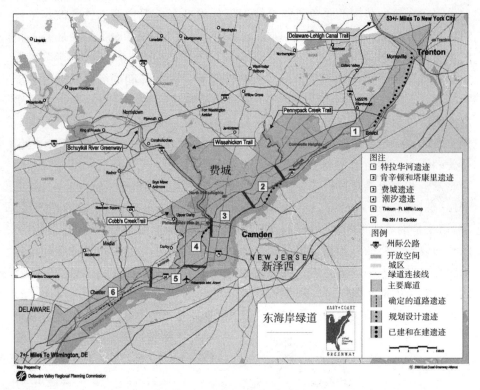

图 3-4　美国东海岸绿道规划

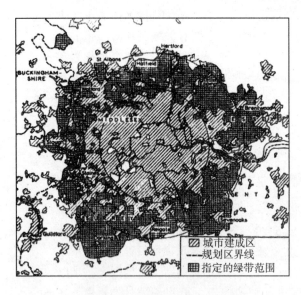

图 3-5　英国伦敦郡绿带示意图

在英国，1938 年，议会通过了《绿带法》。该法强调公众在绿带地区的通行权，它相当于绿道。图 3-5 是英国伦敦郡绿带（Metropolitan Green Belt），Green Belt 环城绿带宽 16～24km，伦敦郡面积共计 159 920hm²，绿带面积占 1/4 左右，位于绿带范围内的非城市建成区有 39 280hm²，占绿带的总面积的 83%，其中农业耕地占绿带的面积 62%，其他是公共开放空间和私人开放空间。

在我国与绿道相对应的如"三北"防护林，"三北"防护林是西北、华北、东北防护林系统的总称，包括我国北方 13 个省（自治区、直辖市）的 551 个县（旗、市、区），建设范围东起黑龙江省的宾县，西至新疆维吾尔自治区乌孜别里山口，总面积 406.9 万 km²，占国土面积的 42.4%，接近我国的一半国土。中国"三北"防护林工程已从东向西建起 4480km 的绿色长城。在一个省或城市内的绿道规划，如上海环城 500m 宽绿带规划、北京绿化隔离地区绿地规划（图 3-6）。

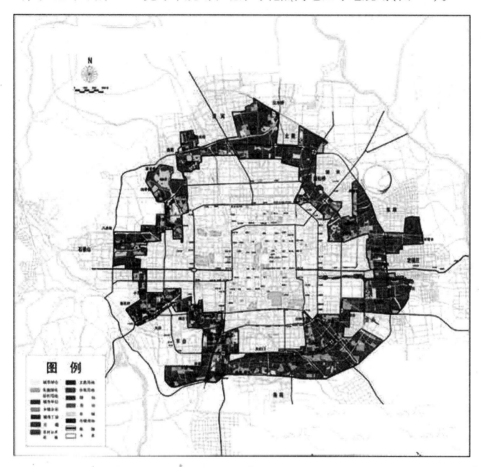

图 3-6　北京市绿化隔离地区绿地规划

3.1.1.3　绿色廊道（green corridor）

由于查理斯·莱托在为绿色通道定性中把绿色通道与自然走廊相联系，随着现代对生态环境保护意识的增强和景观生态学作为一门独立学科的诞生，许多学者开始从景观生态学的角度对绿色通道进行研究，并逐渐产生了绿色廊道的概念。绿色廊道与绿色通道本质上的含义相同，其区别仅在于应用和研究的角度不同。大体而言，在论及园林规划和设计的专业方面，多用绿色通道，而在研讨景观生态的内容时，绿色廊道则更为常见。此外，在部分学者的视角中，绿色廊道比绿色通道的规模要庞大。但无论是应用和研究或学者自身不同的感受，甚至是自身不同的见解，绿色廊道和绿色通道不存在本质上的差别，大多数中外风景园林规划设计的论著把绿色通道与绿色廊道视为同一概念是不争的事实。正因为如此，著者在后面的论述中把绿色通道和绿色廊道作为相同概念来应用和研究。

3.1.1.4 我国学者对公园道、绿色通道、绿色廊道的不同译释

公园道、绿色通道、绿色廊道这些术语在西方的园林规划理论中出现之后，通过对西方园林规划理论的引进逐渐被中国学者接受采纳。由于仁者见仁、智者见智，再加上我国自然科学理论研究领域长期以来在引用外来科学术语时，许多人常常习惯性地照搬已有的出版物中的译名，而现有出版物中很多译名不一致在国内又是较普遍的现象（张伟，2005）。因此，在我国园林规划设计理论译著和论文中，学者们除对 parkway 译为公园道（路）较为一致外，对 greenway、green corridor 却有许多不同的译法。如将 greenway 有译为"绿道"（刘滨谊）、"绿色通道"（韩西丽、俞孔坚，2004）、"绿脉"（付晓渝、刘晓明，2005）等。同时根据中国园林规划的实践，有的学者们还对它的定义进行了新的解释。例如刘滨谊、余畅在《美国绿道网络规划的发展与启示》一文中提出，应把绿道（greenway）分成两个部分：green 表示自然存在——诸如森林河岸、野生动植物等，way 表示通道。合起来的意思就是与人为开发的景观相交叉的一种自然走廊。对于受人为干扰的景观而言，绿道具有双重功能：一方面，它们为人类的进入和游憩活动提供了空间，另一方面，它们对自然和文化遗产的保护起到了促进作用。广义上讲，绿道是指用来连接的各种线型开敞空间的总称，包括从社区自行车道到引导野生动物进行季节性迁徙的栖息地走廊；从城市滨水带至远离城市的溪岸树阴游步道等（刘滨谊，2001）。另两位中国学者韩西丽、俞孔坚认为，绿道（greenway）来源于 greenbelt 和 parkway，green 指有植被的地方，更深一层是指存在自然或半自然植被的区域；way 是通道的意思，意味着移动、从这里到那里，从这一点到那一点，是人类、动物、植物、水等的通道。绿色通道是具备较强的自然特征的线型空间的连同体系，具有重要的生态价值和休闲、美学、文化、通勤等多种功能（韩西丽、俞孔坚，2004）。此外，还有其他一些不同的定义和解释。尽管这些定义和解释的词语不尽一致，但与查理斯·莱托在其经典著作《美国的绿道》（*Greenway for American*）中为绿色通道作出的权威性定义没有本质的区别。

3.1.2 绿色通道的特征

尽管西方学者和中国学者对绿色通道或绿色廊道所下的定义和解释表述不尽相同，但他们对绿色通道或绿色廊道的定义和解释中，都具有以下几个共同的特征：

第一，整体性。整体性指绿色通道或绿色廊道在结构上是一个完整的躯体。它由两部分最基本的要素组成，一是通道，即各种道路（此处所指的道路是广义上的道路，不仅包括城市公路、自行车道等，还包括郊区道路、城际道路和其他大

道、小径)或河流、山脊线、废弃的铁路等自然走廊;二是通道或廊道一侧或两侧的自然绿地和人工绿地。通道可以形容为骨骼。通道或廊道一侧或两侧的自然绿地和人工绿地则可比作为血脉或肉体。两者相辅相成,缺一不可。

第二,带状性。每条绿色通道或绿色廊道的长度、宽幅不一,随自然条件和人工建构的不同而变化。其边缘有的规则呈直线状;有的则不尽规则,呈波浪或曲线等状态。但从总体上观之,每条绿色通道或绿色廊道都为带状型态。风和日丽之时,从空中鸟瞰,绿色通道或绿色廊道在视觉感官中都会像一条绿色的玉带延绵舒展。

第三,开放性。绿色通道或绿色廊道与传统的公园绿地相比,开放性更加鲜明。传统的公园绿地尽管也具有开放性,但它们的四界一般被围墙、栏杆、篱笆等建筑隔离,或被其他天然屏障阻断。绿色通道或绿色廊道的四界通常没有被隔断,主体对周边屏障的穿透感非常强烈,与其周边的大自然或人工建筑连接,浑然一体,因此其开放性尤为突出。

第四,流动性。无论是绿色通道中的通道或是绿色廊道中的廊道都意味着道路和通途,而道路和通途都用于人和万物的移动,是人类、动物、植物、水等由此及彼,从这一点到那一点的通道,也是各种生物繁衍运动的通途。绿色通道或绿色廊道宽敞的自然空间具有很强的流动性。

第五,生态多样性。绿色通道或绿色廊道与一般的通道相比,之所以加上“绿色”的桂冠,侧重于体现其强烈的生态特征。绿色通道或绿色廊道上与之相适宜、能生存的生物种类众多,体现在它身上的景观因地形、植被、物种、季节、气候等诸多因素的不同而变化,对通道自身和周边的生态环境起着良好的保护作用。生物多样性十分鲜明。

3.1.3　绿色通道的类型

对于绿色通道或绿色廊道的类型,一些学者从不同的角度作出了划分。其中较为全面和有代表性的是(刘滨谊,2001)。绿道概念及其分类一节中根据绿色通道的功能作出了总结,摘要如下:

根据形成条件与功能的不同,绿道可以分为下列5种类型:

(1)城市河流型(包括其他水体)。这种绿道极为常见,在美国通常是作为城市衰败滨水区复兴开发项目中的一部分而建立起来的。

(2)游憩型。通常建立在各类有一定长度的特色游步道上,主要以自然走廊为主,但也包括河渠、废弃铁路沿线及景观通道等人工走廊。

(3)自然生态型。通常都是沿着河流、小溪及山脊线建立的廊道。这类走廊为野生动物的迁移和物种的交流、自然科考及野外徒步旅行提供了良好的条件。

(4)风景名胜型。一般沿着道路、水路等路径而建,往往对各大风景名胜区起着相互联系的纽带作用。其最重要的作用就是使步行者能沿着通道方便地进入风景名胜地，或是为车游者提供一个便于下车进入风景名胜区的场所。

（5）综合型。通常是建立在诸如河谷、山脊类的自然地形中，很多时候是上述各类绿道和开敞空间的随机组合。它创造了一种有选择性的都市和地区的绿色框架，其功能具有综合性。

3.2　城市带状公园绿地的概念和特征

3.2.1　《城市绿地分类标准》中城市带状公园绿地的概念

建设部颁布的行业标准《城市绿地分类标准》对城市带状公园绿地作出定义，指出：公园绿地是城市中向公众开放的以游憩为主要功能，有一定的休息设施，同时兼有健全生态、美化景观、防灾减灾等综合作用的绿化用地。它是城市建设用地、城市绿地系统、城市市政公用设施的重要组成部分，是表示城市整体环境水平和居民生活质量的一项指标。"带状公园常常结合城市道路、水系、城墙而建设，是绿地系统中颇具特色的构成要素，承担着城市生态廊道的职能。带状公园的宽度受用地条件的影响，一般呈狭长形，以绿化为主，辅以简单的设施。"

3.2.2　城市带状公园绿地与其他城市公园的特征比较

城市带状公园绿地是城市公共绿地的一种类型，与其他城市公共绿地比较，具有相同之处，即共同特征；也具有不同之处，即个性特征。

3.2.2.1　城市带状公园绿地与其他城市公园的共同特征

城市带状公园绿地与其他城市公共绿地一样，具有如下共同功能和特征：

（1）游憩场所。城市带状公园绿地性质上是城市公共绿地的一种类型，作为公园为公众提供面向自然开放的游憩空间的主要功能特征非常鲜明。游憩场所因此往往作为城市带状公园绿地规划设计的最主要出发点，也是检验城市带状公园绿地建设实践是否成功的最重要标准。

（2）美化城市。城市带状公园绿地位于城市区域之中。而城市是政治、经济、文化的中心，是工业化带来的人口高度集中的场所。大小不一的城市带状公园绿地点缀在城市的各个街区，高频率地吸引城市居民和游人，起到极强的美化城市的功能。正因为如此，城市带状公园绿地的规划设计和建设实践与其他公共园林一样，非常强调其景观功能。

（3）城市环保。城市带状公园绿地对建设环保型城市起到十分重要的作用，因此成为表示城市整体环境水平和居民生活质量的一项重要指标。且其常位于城市主次干道、旧城区、滨水等通道两侧，成为通道与城市商业区、办公区、居民住宅和其他场所相对隔离的绿色屏障，承担着城市生态廊道的环保功能。

（4）城市防灾。城市带状公园绿地形态狭长，带状分布，一般有零星服务设施等，场地开阔，空间较大。在遇到天灾如地震时，可以作为城市居民避免灾难、临时住宿的场所；在战争时期，也可作为防空和人口疏散的场地。城市防灾特征明显。北京市2006年出台了全国第一个省（市）级"十一五"期间城市减灾应急体系建设规划，其中规划北京市中心区每年要完成20~30处应急避难场所（可容纳150万~200万人）的确定和配套设施的建设，各新城区每年完成3~5处应急避难场所（可容纳6万~10万人）的确定和配套设施。规划中设立地震应急避难场所28处（包括公园绿地和学校），其中带状公园有皇城根遗址公园（容纳4.5万）、顺城公园绿地（容纳3万人）、明城墙遗址公园（容纳6.5万人）、南中轴路绿地（14万人）、元大都城垣遗址公园朝阳段（容纳23万人）、元大都城垣遗址公园海淀段（容纳23.5万人）。图3-7为元大都带状公园应急避难设施示意。

图3-7　北京元大都带状公园应急避难设施

在空间构成上，城市带状公园绿地与其他公园绿地一样，都是面向外来游客及本地居民的城市公共游憩空间，具有共同特征，一般也分为如下6个部分：

（1）植被空间。指城市带状公园中由各类花卉、树木、草坪、绿篱形成的空间。

（2）步行空间。指城市带状公园中多数限制机动车、自行车进入，仅为游人提供步行的开放空间形式。主要为广场和步行道路两种类型。

图3-8　九江市沿长江带状公园绿地中锁江楼

（3）文博教育空间。指向游客提供参观文物、艺术品、科技成果等的公共建筑游憩空间。这类空间根据功能不同分为博物馆、展览馆、艺术馆、美术馆4种类型（吴必虎等，2003）。如江西省九江市沿长江带状公园绿地中的锁江楼（图3-8）。

图3-9　九江市沿长江带状公园绿地中的餐厅

图3-10　北京皇城根带状公园中的茶馆

图3-11　北京明城墙带状公园绿地

（4）服务空间。指为游客提供旅游商品、餐饮、茶馆、娱乐等活动场所的空间及设施。如图3-9为九江市沿长江带状公园绿地中的餐厅，图3-10为皇城根带状公园中的茶馆。

（5）滨水游憩空间。指城市带状公园中与水域相连的具有游憩功能的区域，由水体、堤岸和近水陆地空间等3部分组成。根据毗邻水体性质不同分为滨海游憩区，滨湖游憩区和滨江、河游憩区3种类型。

（6）历史遗址及纪念性空间。指历史遗址或为纪念历史人物、事件而修建的建筑物及其园林绿地环境。如明城墙带状公园绿地（图3-11、3-12）。

3.2.2.2　城市带状公园绿地与其他公园绿地的不同特征

与其他城市公共园林相比，城市带状公园绿地具有独特个性特征。

（1）带状形态。形态上呈带状是城市带状公园绿地与其他城市公园最显著的不同之处。如果说城市绿地系统是由点、线、面的绿地组成，城市带状公园绿地是作为其中的一种线型而存在。"带状"是在"线"型基础上的延伸和扩展，有其相当的长度和一定的宽度。这种以线型为基础的带状性是其他城市园林在形态上不具备的独有特征（图3-13）。

尽管所有的城市带状公园绿地都具有带状性，但因每一城市带状

实施方案以保护城墙为出发点,展示明城墙的真实面貌为目的,给城墙提供一个最自然的环境,从园路的线形、植物配置等各方面都力求轻描淡写,使环境默默无闻地陪伴着古城墙,让明城墙自己把历史娓娓道来使其成为北京城市景观的一部分,而不是吸引大量游人前来。同时古城墙边新增加的12万m²绿地,很大地提高了北京中心地区的生态环境。

老树明墙

崇文门大街

残垣漫步

古楼新韵

雉堞铺翠

北京站

图 3-12　明城墙带状公园绿地

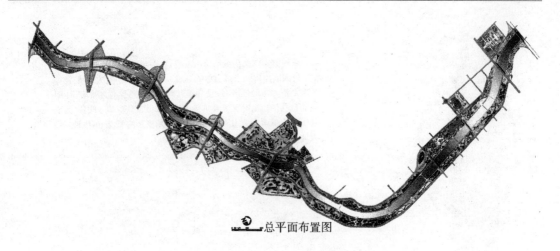

总平面布置图

图 3-13　呼和浩特市小黑河带状公园

公园所处的城市地理环境不同，设计师的规划设计思路及其他因素的影响，因此城市带状公园绿地的带状形态是一种宏观上、总体上的带状，其边界常成不规则形，有的是曲线状态（图3-14）。

　　　城市带状公园绿地的带状形态有的依自然地形而形成，如设在临海、沿江、湖滨或有河流蜿蜒穿越市区的沿岸地带各类城市带状公园绿地；也有人工规划营造的结果，如在城市道路带状公园许多都是随着城市道路的建设在两侧或中间开拓出的空间。

　　（2）开放性强。与其他城市公园相比，城市带状公园绿地开放性更强。

　　首先，城市带状公园一般没有围墙，对周边城市居民和城市游客完全免费开放，而城市其他类型公园一般设立了围墙或具备天然屏障居多，对城市居民和城市游客的开放性较弱。

　　其次，正是由于城市带状公园没有围墙，其与周边界面的联系密切，其景观资源能够完全对外开放，与周边环境相得益彰，对城市美化起到较高的促进作用，而城市其他公园由于围墙、栏杆或天然屏障的阻隔，其景观对外开放性显得较弱，与周边界面的联系相对隔断。

　　再次，城市带状公园与周边的界面联系密切，与周边几乎是无遮无挡，这就使溶解公园的理念能够得以实现。公园与城市居民的日常生活结为一体，去城市带状公园里进行晨练、晚练、散步、休闲、娱乐对周边城市居民而言是片刻之间即出家门。它和城市道路、滨水等完成了城市开敞空间的构成，为人们提供了交流场所、公共活动场所和私人活动场所，改善了建筑与建筑之间的空间和人们生活环境，形成了建筑物与自然相结合、空间构成元素多元化的城市空间组合，根本上拉近了人与城市环境的亲情关系。城市带状公园几乎成为许多周边居民每天光临的场所，成为他们生活的一部分。如北京皇城根带状公园周围的居民经常利用该绿地开展下棋等娱乐活动（图3-15）。

（3）廊道作用显著。廊道作用是城市带状公园与其他城市园林不同的显著特点。

城市带状公园的廊道作用首先体现于其形态上，其线形带状是天然的廊道形态。

城市带状公园的廊道作用还体现在城市空气的流通上。城市带状公园或纵横于城市高大的建筑物之间，或绵延于城市滨水之侧，或蜿蜒于城市道路两翼，或卧伏与城市历史遗址脚下，除城市滨水带状公园外，其他的城市带状公园都是穿行于各类自然屏障或人工建筑之中的廊道。自然空气在被城市带状公园两侧的自然屏障或人工建筑阻挡之后，自然聚集起来，从城市带状公园上通过，使其成为城市的通风廊道。

生态廊道是城市带状公园与其他类型城市公园不能匹配的又一大长处。线形带状使城市带状公园跨越的城市区域性总体上比其他城市公园要大。因此也就决定了自然植物的传播、园内动物的迁徙更为便利，生态更为多样化，生态廊道作用十分明显。

此外，城市带状公园所具有的景观廊道作用与其他类型城市公园也不可比。城市带状公园空间上的延伸性使视觉中的景观处于不断的流动之中，整体景观的和谐与连续性都能使沿线穿过其中的人一览无余。同时，它有机融合并调和了人与路、人与水、人与建筑等的各集聚组团的关系，营建了城市合理可

图3-14　宜兴氿滨滨水带状公园

持续的生态型的城市景观(图3-16)。

图3-15　北京皇城根带状公园绿地

图3-16　温哥华滨海绿地

(4)网络连接功能。在城市绿地系统网络化中,城市带状公园的线形带状使其具有独到的网络连接功能。它能够通过线形带状的延伸,把分布于城市不同地段、大小不一的绿点、绿面连接起来,编织起城市的绿色网络(图3-17)。而其他类型的城市公园由于其形态的约束,无法起到城市绿地系统的连接作用。

3.2.3　城市带状公园绿地与公园道、绿色通道或绿色廊道的区别

3.2.3.1　城市带状公园绿地与公园道的区别

在人类园林发展史中,从公园道中能隐约地看到城市带状公园绿地的身影,延伸于公园通道一侧或两侧绿地的形态、特征、功能和规划设计的理念,都与城市带状公园绿地的形态、特征、功能和规划设计理念有着相似或相近之处。正因为如此,公园道中供马车(在机动车辆未成为普遍交通工具时,马车是最主要的交通工具之一)行进的宽敞通道两侧的线状绿地实际上就是现在所言的城市带状公园绿地。公园道与城市带状公园的区别在于公园道即包括宽敞的主通道,如由奥姆斯特德与合作人沃克斯设计的美国第一条"公园路","总宽度78m,中央为20m宽的马车道"(许浩,2003),又包括主通道一侧或两侧的带状绿地;而城市带状公园绿地,虽设有人行或自行车道,但道路一般狭窄,一般情况机动车道及马车不允许通行。此外,由于公园道往往是连接城市公园与其他城市区域的绿色长廊,因此,距离较长。而城市带状公园绿地,尤其是现代城市带状公园绿地,因城市土地资源的匮乏,虽有许多大型规模,但小型规模的不少。

3.2.3.2　城市带状公园绿地与绿色通道或绿色廊道的区别

城市带状公园绿地与绿色通道或绿色廊道在生态功能、美学功能、游憩功能、绿地的形态都呈带状,在宽度上因地适宜,都没有特别的限制,在其他诸多方面具有共同的特性。从广义上言,可以把城市带状公园看作是绿色

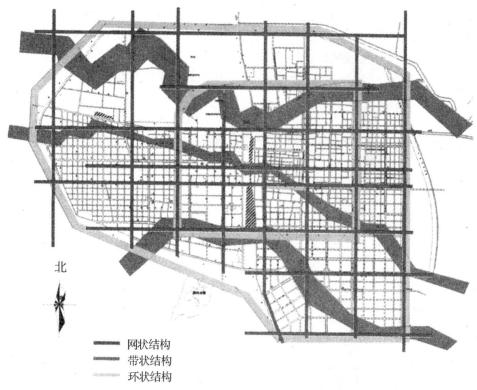

北

━━━━ 网状结构
──── 带状结构
──── 环状结构

图 3-17 安阳市由带状公园绿地和带状防护绿地构成绿色网络结构

通道或绿色廊道的一部分。绿色通道和绿色廊道的概念范围比城市带状公园绿地要大，它不仅涵盖了城市带状公园绿地，还包括其他各种绿地。是从微观上比较，城市带状公园绿地与绿色通道或绿色廊道之间又有相当的区别。首先，从两者的区域范围来看，城市带状公园绿地一般限定在城市之内，而绿色通道或绿色廊道的区域范围广，可以跨越行政区域，有的甚至跨越国境。大型的绿色通道或绿色廊道常常绵延至乡村、山间，如我国的"三北"防护林工程（图3-18）。其次，城市带状公园绿地的规划设计和建设要充分考虑到提供城市居民和游客的休闲游憩功能、城市美化功能、生态保护功能等。这些功能都要相互兼顾。而绿色通道或绿色廊道虽也要

图 3-18 中国"三北"防护林工程

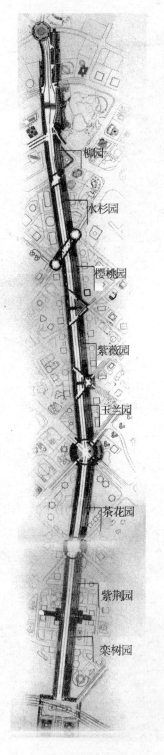

考虑休闲游憩功能、美化功能等，但其规划设计和建设最主要的着眼点是生态保护功能，其他功能都要服从于生态保护的需要。第三，从占地性质的角度看，大部分绿色通道或绿色廊道的绿地不受用地类型的限制，而城市带状公园绿地所占有的土地性质大多数往往是城市建设用地，被列入城市总体规划中的城市建设用地指标数据里。尽管由于现代城市化的发展使城乡之间的差异缩小，城乡的界限和边缘愈加模糊，城市带状公园绿地所占用的土地也有突破传统的、仅限于占用城市建设用地的趋势。但是，城市带状公园绿地的用地主流，也就是它与大部分绿色通道或绿色廊道等绿地用地的差异依然有根本性区别。

3.2.4 城市带状公园绿地的分类

按照城市带状公园绿地的地理特征，可以将其划分为以下几种类型。

（1）城市道路带状公园绿地：城市道路带状公园绿地是指沿着城市主、次道路两侧建设的带状公园绿地。绿地与道路相依是它与其他城市带状公园绿地相区别的标志。它分成3种类型，一种是整个带状公园绿地都在城市某一道路的一侧，而另一侧则为城市各种建筑物。另一种是在道路的两侧都为带状公园绿地，如图3-19。还有一种是绿地位于道路中央，两侧为机动车道，如北京中轴路绿地（图3-20）、日本横滨公园绿地（图3-21、3-22）。

柳园
水杉园
樱桃园
紫薇园
玉兰园
茶花园
紫荆园
栾树园

图3-19　上海世纪大道带状公园平面图

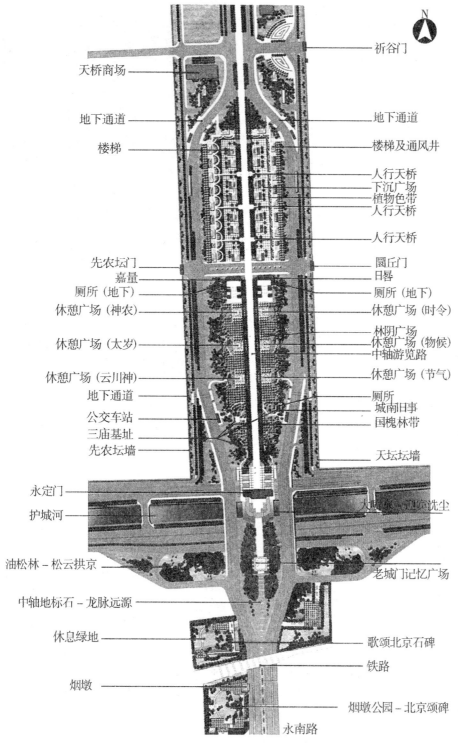

祈谷门

天桥商场

地下通道　　　　　　　　　　　地下通道

楼梯　　　　　　　　　　　　　楼梯及通风井

　　　　　　　　　　　　　　　人行天桥
　　　　　　　　　　　　　　　下沉广场
　　　　　　　　　　　　　　　植物色带
　　　　　　　　　　　　　　　人行天桥

　　　　　　　　　　　　　　　人行天桥

先农坛门　　　　　　　　　　　圜丘门
嘉量　　　　　　　　　　　　　日晷
厕所（地下）　　　　　　　　　厕所（地下）
休憩广场（神农）　　　　　　　休憩广场（时令）
　　　　　　　　　　　　　　　林阴广场
休憩广场（太岁）　　　　　　　休憩广场（物候）
　　　　　　　　　　　　　　　中轴游览路
休憩广场（云川神）　　　　　　休憩广场（节气）
地下通道　　　　　　　　　　　厕所
公交车站　　　　　　　　　　　城南日事
三庙基址　　　　　　　　　　　国槐林带
先农坛墙　　　　　　　　　　　天坛坛墙

永定门

护城河　　　　　　　　　　　　大城振兴·清京洗尘

油松林 – 松云拱京　　　　　　　老城门记忆广场

中轴地标石 – 龙脉远源

休息绿地　　　　　　　　　　　歌颂北京石碑

　　　　　　　　　　　　　　　铁路

烟墩

　　　　　　　　　　　　　　　烟墩公园 – 北京颂碑

永南路

图 3-20　北京市南中轴路带状公园绿地

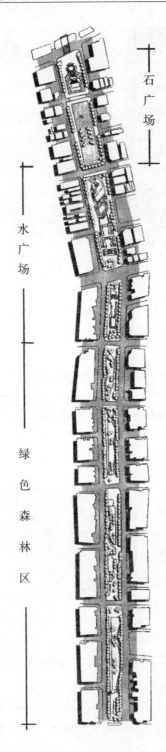

石广场

水广场

绿色森林区

图 3-21　日本横滨市带状公园绿地

图 3-22　日本横滨市带状公园绿地

图 3-23　天津海河带状公园

（2）滨水式带状公园绿地：城市滨水区是指城市范围内水域与陆地相接的一定范围内的区域（张庭伟，1998）。滨水式带状公园绿地是指沿着城市的水系如海滨、湖滨、自然河道、人工运河、引水沟渠等建设的带状公园绿地。绿地与水系相依是它与其他城市带状公园绿地相区别的标志。它也分成两种类型，一种是在水系的两侧都为带状公园绿地，如天津海河绿地（图 3-23）。另一种是整个带状公园绿地都在城市某一水系的一侧，如杭州新湖滨带状公园绿地（图3-24）、湛江观海长廊带状公园景观（图3-25、3-26）、美国路易斯维尔市（Louisville）河滨公园（图 3-27）。

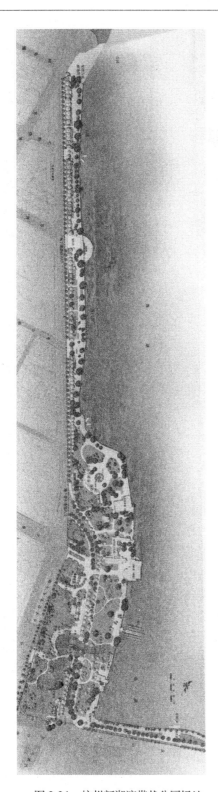

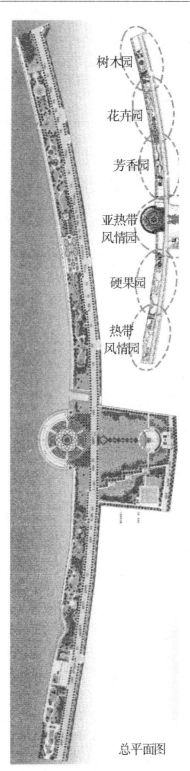

树木园

花卉园

芳香园

亚热带
风情园

硬果园

热带
风情园

总平面图

图 3-24　杭州新湖滨带状公园绿地　　　　图 3-25　湛江观海长廊带状公园景观

图 3-26 湛江观海长廊带状公园景观

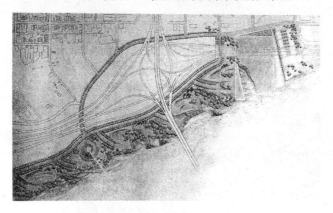

图 3-27 美国路易斯维尔市河滨公园

（3）大型建筑或遗址带状公园绿地：大型建筑或遗址带状公园绿地是指沿着大型建筑或文化遗址，如城墙、通往大型建筑和遗址的甬道两侧建设的带状公园绿地。绿地与大型建筑或遗址相依是它与其他城市带状公园绿地相区别的标志。如北京的元大都带状公园绿地，沿元大都城墙遗址而建（图3-28、3-29）、皇城根带状遗址公园（图3-30）、明城墙遗址公园（图3-31）均是沿城墙遗址而建。

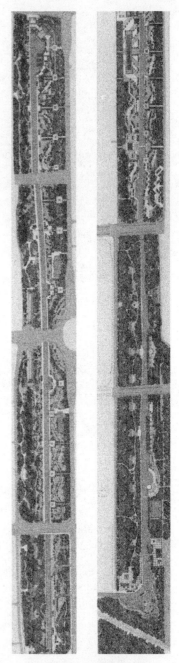

图 3-28 元大都带状公园

西安城墙位于西安市中心区，是明代初年在唐长安城的皇城基础上建筑起来的，是中世纪后期中国历史上最著名的城垣建筑之一，也是我国至今唯一保存最完整、规模最大的城墙，沿城墙兴建了环城带状公园（图 3-32）。还有沿天安门城墙而建的北京菖蒲河带状公园（图 3-33）。

图 3-29　北京元大都带状公园

图 3-30　北京皇城根带状遗址公园

图 3-31　北京明城墙带状遗址公园

图 3-32　西安市环城带状公园

3.3　城市带状公园绿地规划设计原则

城市带状公园绿地规划的基本原则是指在城市带状公园规划中始终必须坚持的原则。这些原则也是城市其他园林景观规划共有的理念，表现在城市带状公园规划中具有自己一定的特色。

城市带状公园规划的基本原则有三：系统性、自然优先及以人为本。

图 3-33　北京菖蒲河带状公园

3.3.1　系统性原则

系统性原则是指在城市带状公园绿地规划设计中以系统论为原理，把每一城市带状公园绿地的节点看成组成系统的各个要素，各节点的相互联系自成一个完整的城市带状公园绿地。同时，每一块城市带状公园绿地作为整个城市绿地大系统的组成要素，发挥自身的功能，和其他形式的城市绿地相互关联，相互作用，构成统一的城市绿地系统。

系统性原则在中外园林规划的发展历史中一直被采纳和运用。无论是古希腊克里特和迈锡尼时代的庭园，还是18、19世纪英国、法国、美国的城市园林都强调系统规划原则。新中国成立之后的园林规划理论，也对城市园林的系统化做了大量的研究。按照系统原则的观点，整体性、自成体系和特色性是所有系统的共性，也是城市园林规划系统化的基本共性。城市带状公园作为城市园林的一部分，系统性原则的这3项共性必然是其规划设计所要始终坚持的基本要求：整体性要求、自成体系和特色性要求。

3.3.1.1　整体性要求

整体观念是系统论的核心思想。在城市带状公园规划中的整体性要求包括服从城市总体规划和与城市整体环境相协调两方面。城市总体规划是对城市在较长时期内的发展目标的总规划，是城市建设的整体部署和城市整体建设管理的依据，是城市各项建设工程的总系统。在这个总系统中，各类规划用地都是城市总体规划不可分割的部分和子系统。服从城市总体规划，严格按照城市总体规划进行城市各类用地规划是实现城市协调、均衡发展的保障。城市带状公园的规划设计作为城市布局和整体系统的重要部分，一定要服从城市总体规划。如日本横滨大道公园，为带状公园，设计于1971年，完工于1978年，是带状公园与道路相互结合的空间形态。中间为公园，两侧是机动车道。公园全长1.2km，宽30.44m，总面积3.6hm²（许浩，2006）。公园设计与城市整体规划相结合，连接3处地铁车站，地铁站就在绿地中，与绿地有机结合（图3-34）。

图3-34　日本横滨市地铁出入口在带状公园绿地中

按照整体性要求，城市带状公园绿地的规划还必须与城市的整体环境相结合、协调。城市的整体环境包括自然环境和人文环境两方面。自然环境包括地形、地貌、土壤、水体、植被、气象等因素，这些因素综合形成城市自然环境的大系统。只有首先把握该绿地所处的城市总体自然条件，在此基础上对城市的各个自然因素进行解读，才能使城市带状公园绿地规划设计符合城市总体自然条件。其次，是充分了解和把握规划设计中的城市带状公园绿地自身的自然条件。每一规划设计中的城市带状公园绿地虽然与同一城市其他区域、其他绿地的自然条件在许多方面相同或近似，但作为一个相对独立的物质系统，其岩石、土壤、大气、水、生物等物质圈与其他城市区域和绿地有或多或少的相异之处，应具体问题具体分析。

带状公园绿地设计应符合城市的人文环境。城市人文环境不仅包括城市的历史背景和遗迹、文化特征、宗教、民俗、风情等因素，还应包括城市的社会经济状况，人的素质、心理因素等。只有在充分考虑人文环境因素的基础上，才能使城市带状公园绿地规划形成既尊重和沿袭优良传统，又具有时代新内容、新意境的地方特色；才能使规划设计中的城市带状公园绿地符合城市的风貌特色；才能张扬城市的个性，成为独特的文化风貌，使城市能够在城市之林中具备独特的影响力。

3.3.1.2 自成体系要求

根据系统论的理论，任何一个系统都由若干个子系统构成。城市带状公园在整个城市总体规划和城市绿地系统规划中就属于一个子系统。作为一个子系统，它由各个分系统构成，各分系统的组合使其自身自成体系，具有完整性。任何一个城市带状公园，无论大小，规划设计上如果不能自成体系，就不能成为优秀的作品。只有自成体系，能够有完整全面和系统布局，能够使整个作品浑然一体，才能使城市带状公园的规划达到完美要求。

3.3.1.3 特色性要求

系统论的特色性是指任何一个系统与其他系统相比较都具有自己的特色。人类社会这个大系统正是由各个具有不同特色的系统构成，才使现实生活的世界丰富多彩，才使人们感觉到"每一天的太阳都是新鲜的"。

我国幅员辽阔，城市的自然区域特征差异很大，城市带状公园绿地的规划设计作为一个系统工程，在具体的操作过程中，要努力形成和张扬所处城市的特色，才能使规划设计成功。

3.3.2 自然优先原则

自然优先理念是指在城市带状公园绿地规划中遵循科学的生态观念，把尊重善待自然、合理利用自然、认真保护自然、努力恢复自然作为优先考虑的因素。

西方园林历史中，英国田园与乡村风景规划设计观点本质上就是自然优先。美国园林的杰出代表奥姆斯特德把英国风景式园林的两大要素——田园牧歌风格和优美如画风格为他所用，而其他西方历史上著名的规划大师如西班牙的马塔（Soriav Mata）、奥地利的西谛（Camello Sitte）、英国的霍华德（Ebetleze Howrd）等也强调城市与乡村的有机结合，城市要生长在自然的怀抱里。

中国传统园林是中国传统文化的重要组成部分。作为一种载体，它鲜明地折射出中国人自然观、人生观和世界观的演变，蕴含了儒、释、道等哲学或宗教思想及山水诗、画等传统艺术的影响；它凝聚了中国知识分子和能工巧匠的勤劳与智慧，突出地抒发了中华民族对于自然和美好生活环境的向往与热爱。城市带状公园绿地作为中国园林的一个重要组成部分，在规划设计中体现自然优先的原则，才能使中国传统园林中的自然观点得以发扬光大，才能使城市带状公园绿地立于自然，长于自然，具有永恒的自然魅力和不可替代的唯一性。

在城市带状公园绿地规划设计中，自然优先的原则体现在 4 个方面的要求：保护自然的要求；自然的利用创造要求；自然的模仿要求；节约自然资源的要求。

3.3.2.1 保护自然的要求

保护自然环境、维护自然过程是利用自然和改造自然的前提。在进行城市带状公园绿地规划建设时，应对城市带状公园绿地所处地域的自然环境给予高度重视和严格保护。这是自然优先理念在城市带状公园绿地规划设计中的首要要求。因为一个城市本身就是一个巨大的生命活体，城市中每一个区域的自然环境都是维系城市生命功能的最基本保障。而城市带状公园绿地呈带状形态往往比其他形态的绿地与城市原有的自然状态相关联更为广泛；尤其是大型的城市廊道带状公园绿地往往是与城市纵横交错，与原有的城市自然环境密切接触。因此，如规划设计中忽视保护自然环境，很可能扰动现存的自然生态系统，包括现有的生物种群、群落和它们的生境，也包括其中的非生物环境，如地形、地貌、大气、水体、土壤等的原生状态，而使自然生态系统失去稳定和平衡，甚至导致生物种群和群落的逐渐消亡。这样的例子在国内外都不少见。相反，如在规划设计新建设的城市带状公园绿地时，注意充分保护自然环境，就能使城市带状公园绿地与原有的自然环境协调起来，和谐相处，使城市环境更为优化。如美国南卡罗莱纳州查尔斯顿滨水公园原先为停车场，规划前是查尔斯顿半岛最后一块没有规划与开发的水滨地带，佐佐木事务所将其规划为一个向市民开放的城市滨水带状公园。鉴于河滨原有大片河滩湿地，如果进行改造，会使已经形成的滩头湿地生态系统遭到破坏。因此，佐佐木事务所采取了完整保留滩头湿地、不做丝毫改变的设计，用一条沿河观景带将滩头与人工绿地隔离，把纵横于 4 个街区的城市带状公园与天然滩头既有机联系又相对分离地组织起来，使查尔斯顿滨水公园更具有自然性和开放性，同时极好地保护了原有的自然环境(图 3-35)。

3.3.2.2 自然的利用创造要求

在城市带状公园绿地的规划设计过程中，对现存的自然生态系统不仅要

予以保护，还应该对现存的自
然生态进行积极的创造利用，
符合对自然的利用创造要求。
因为我们强调对自然环境的保
护，并不是无条件地、机械地
遵循自然规律，而是从尽最大
可能符合人类生存环境的长远
利益考虑，充分利用场地及周
围环境的自然条件，将带有场
所特征的自然因素（能量、植
被、阳光、地形、水、风、土
壤）结合在规划设计中，给予
规划设计师一定的创作空间，
从而使城市带状公园绿地在不
破坏原有自然环境的基础上，
做到与自然环境相协调，对天
然环境影响达到最小。同时挖
掘和利用自然环境的潜能，创
造出更为优美和健康的自然环
境。所以，规划设计的过程中
保护自然，并不意味着对原有
的自然环境拘泥于一成不变的
形式，而是要对自然积极的利
用和在利用中的创造。比如，
在城市滨水带状公园水岸空间
规划上，过去岸线常采用混凝
土砌筑方法，这样会破坏自然

图3-35 美国查尔斯顿水滨公园鸟瞰

景观和生态基因及天然湿地对自然环境所起的过滤、渗透等作用。现在规划
设计中应利用原有的岸边环境，采取不同的水岸空间处理方式，用自然化的
手段去对岸边环境进行生态造化，利用植栽护岸，建立一个水与驳岸自然过
渡区域，为生物的栖息和繁殖创造良好的条件。

3.3.2.3 自然的模仿要求

比创造和利用自然更进一步，将人与自然融合在一起的是对自然的模仿
要求。在进行城市带状公园绿地景观规划设计的过程中，规划设计师可以根
据生态学原理，在生物种群和群落的配置以及地形、地貌、水系水域的设置
等方面模仿自然生态景观，人工地为生物种群和群落创造出适应其演化的生

存环境，使人工设计的景观自然化，形成仿真的自然生态系统，将大自然引入城市，引入居民的身边，使城市带状公园绿地景观更具有大自然的亲和力。比如大面积绿地应保留或模拟自然，最好能有溪流、池塘和岩石，散布的顽石可能比传统的假山石更符合现代人的趣味。允许无害的动物生存，在林间安放鸟巢为飞鸟设置有吸引力的觅食与栖息地，蝶类和其他蜂类、各种昆虫以及鱼类、蛙类等水族都对人无害，并能给人带来无限乐趣，为儿童观察生物世界的奥秘创造有利的条件。

城市带状公园规划中在对自然的模仿要求上，还应该尽可能推广近自然群落式应用生态型绿化法。近自然群落式应用生态型绿化法是指以生态学潜在自然植被和群落演替基本理论为依据，选择适生乡土植物，应用容器育苗和近自然苗木种植技术，超常速、低造价营造具有群落结构完整、物种多样性丰富、生物量高、趋于稳定状态、后期完全遵循自然循环规律的"少人工管理型绿地"（达良俊、杨永川、陈鸣，2004）。

3.3.2.4 节约自然资源的要求

自然资源，无论是可再生资源还是不可再生资源都不是取之不尽用之不竭的。因此，对自然资源的利用要遵循节约原则。城市带状公园绿地规划设计中节约资源主要体现在 3 个方面：不能牺牲不可再生资源、节约资源、再利用资源。不可再生资源作为自然遗产，不到万不得已决不使用，更不能破坏。在城市带状公园规划设计中，尤其要保护特殊自然景观元素或生态系统，如城区和城郊湿地系统、自然水系、山林。节约资源指由于资源的有限性，规划设计中要尽可能考虑到减少能源、土地、水、生物资源等的使用。不仅要考虑该设计现在对自然的影响是否最小，是否在自然环境的允许范围内，更重要的是考虑该规划设计对未来自然环境的影响。同时要尽可能合理利用光、风等自然条件，减少对其他自然资源的消耗。再利用自然资源就是要尽可能对废弃的土地、植物等重复利用，变废为宝。

城市带状公园规划中坚持节约自然资源，常常表现在对材料的选用上。通常意义上的材料，泛指可以直接造成成品的物体。而园林材料作为园林建设的物质基础，也是表达园林设计理念的客观载体。在材料的选用上，一方面，城市带状公园的规划设计要坚持因地制宜、因材构景、就地取材的基本原则，优先选用现有的材料来造园构景，这既能较好地体现出园林建设的经济性，又有助于体现园林景观的地方特色。另一方面，园林建设者要有勇于探索的精神。如现代园林中使用的复合木材，既克服了天然木材强度较差、易于腐烂的缺点，也相应减少了天然木材的使用量，有助于保护森林资源。又如，以火力发电厂排出的粉煤灰为主要原料烧制的粉煤灰砖和以煤矸石为原料烧制的煤矸石砖，焙制时基本不需要煤，这两种砖材的使用，不但可以利用工业废物，减少工业废渣的堆放和污染，而且又节省能耗，也克服了黏土砖生产对土地资源的破坏，可以说是一举三得。

北京市园林绿化局近期提出节约型园林绿化建设，首次对过去不受欢迎的野草用于绿化景观进行了高度评价，还对野草的应用范围首次作出了规划，"要在城市绿化中充分利用野生植被营造生态型的、具有浓郁郊野气息的绿化景观，可以通过采用人工植物群落与野生植被合理配植的方式，克服野生植被绿色期短，荒芜感强的特点"。野草是园林绿化的节约模范，北京城市中心区最大的野草覆盖地——天坛公园，草地虽没有人工草坪整齐、浓绿，但野草却顽强地覆盖了每个角落，几十年来公园草地都保持着原生态。春天，这里的二月兰还成了北京的赏花盛地；二月兰开败后，狗尾草、蟋蟀草、紫花地丁、蒿子等近20个种类的野草就会相继登场，不怕踩踏的野草也让人们更加亲近公园。

除天坛公园外，北京的首都机场路两侧、西四环路旁及永定河河床都成了典型的野草生长示范地。永定河河床几乎被野草全部覆盖（图3-36），成了一个"小草原"。专家们粗略估计，如果栽种人工草要达到同样绿化效果，估计要投入数百万元；而野草在覆盖住扬尘、提高空气质量的同时，还省下了巨额绿化费用。野草有着人工草不可及的三大优点：首先，生命力顽强。天坛公园曾经做过实验，将冷季型草栽种在树林中，不到一年，它就发黄枯萎，最后它也只能无奈地将地盘让给野草。其次，野草的养护成本很低。目前，北京普遍栽植的冷季型草每年每平方米的成本是6～10元，每年包括修剪、浇水、施肥、打药和人工费在内，每平方米人工草坪的养护费用为15元。而在天坛公园，野草每年除了2～3次的修剪，几乎没有其他成本付出。另外，野草是"节水模范"。根据降水情况不同，北京的冷季型草每平方米的需水量为0.6～1t，野草几乎就是"靠天吃饭"，依靠降雨就能生存。虽然现在的部分草坪都采用了中水浇灌，但这对于水资源极度紧缺的北京来说，无疑是解决了草与人争水问题。野草在北京终于得到了"平反"，而它在其他城市绿化中

图3-36　北京永定河道的野草

应大力推广（黄建华，2006）。

3.3.3　以人为本

以人为本，就是把人作为历史创造的主体和实践发展的目的，意味着一切发展都必须以人为基础，以人为前提，以人为动力，以人为目的。这既是一种价值观念和思维模式，也是一种方法论。在西方，以人为本的思想最早可以追溯到古希腊时期，智者普罗泰戈拉曾提出"人是万物的尺度"的看法。中国古代以人为本的思想也源远流长。《黄帝内经》中说："天覆地载，万物悉备，莫贵于人。"最先提出了以人为本的概念。马克思、恩格斯从唯物辩证观出发，在他们的著作中深刻地指出："人就是人的世界，就是国家、社会"，"人的根本就是人本身""人是人的最高本质"，"人的自由、全面发展"等等，对以人为本思想作出了肯定和提倡。

以人为本作为科学发展观的核心，也是城市带状公园绿地规划的基本原则。具体而言，笔者认为以人为本在城市带状公园绿地规划中就是要注重设施设计的人性化和注重给予人精神上人性化关怀。

3.3.3.1　注重人性化设施的设计

注重人性化设施的设计是各类城市园林绿地规划中都应坚持的原则。由于城市带状公园绿地开放性强，人口流动量一般比其他类型的城市园林要大，同时临近区域老人、儿童入园人数多，因此更要注重人性化设施的设计。

首先，要尽可能满足人的生理对环境的需求。城市带状公园绿地的主要功能之一是城市居民或游客休闲游憩。居民或游客生理上在这里首先希望得到新鲜的空气、充足的阳光、宜人的清风和静谧的环境。由于城市带状公园不像其他类型公园一样大多处于封闭或半封闭，进入需要收取门票，几乎是与界邻没有隔绝，因此，无法达到上述条件，在规划中务必考虑这些需求。如为保证市区道路两侧的带状公园绿地空气质量少受污染，在邻街的城市带状公园绿地中多规划栽种树冠高大的乔木树种，以便吸收城市的粉尘和废气。其次，城市带状公园绿地，尤其是面积较大的城市带状公园绿地中因游人滞留的时间可能较长，规划中要适当设立便民的饮食、饮水场地和公共厕所。再次，在城市带状公园规划中应关注无障碍设施的建设，为广大老年人、残疾人、儿童提供行动方便和安全的空间，尤其在入口、行道、坡道、扶手、厕位、交通标志无障碍、信息无障碍等方面尽可能考虑到老年人、残疾人的需要。如日本在某公园入口处为方便残疾人出入通道设计些高矮适宜的木扶手、通道及信号装置等无障碍内容；有的公园入口道路旁，设置了可供盲人和聋哑人使用的地图板。

此外，有资料显示，世界许多国家普遍出现老年人增多现象，我国的老龄化进程也在加快。目前我国国内60岁以上的人口占总人口的比重已超过了

10%。据观察，现在活动于包括城市带状公园绿地在内的公共园林中频率最高的是老年人群体，但是城市带状公园绿地和其他公共园林规划建设上却多忽视老年人生理特征，使老年人群面临窘境和不便。如在一些新建的城市带状公园里有这样的情景：很多外出的老年人自带坐垫，坐在大理石座椅上，以避石凳的冰凉；在有阳光的位置，要么座椅太少，要么遮阳物不多；人行步道过窄，不方便轮椅或小三轮的出入……这些现象多与以人为本的原则相悖。从老年人的实际出发，在城市带状公园绿地规划中重视老年人的生理需求，应该成为本世纪城市带状公园绿地规划是否成功和优秀的一项评判标准。

3.3.3.2　注重精神上的人性化关怀

城市带状公园绿地的作用不仅是给人们提供城市具体活动的场所，更重要的是给人们带来精神上的愉快。人们在城市带状公园绿地中活动是人与人之间寻找和建立温馨和谐的友谊、爱情和人际关系的机会。因此，规划城市带状公园绿地时必须尽可能为临近区域的居民和游人创造出利于满足社交需求的环境和氛围。注重带状公园绿地布局和空间序列：如静态空间与动态空间、开敞空间与闭合空间的过渡。

为了达到环境氛围的最佳状态，除了在城市带状公园绿地规划时要结构布局合理外，在每一局部区域都要注意设计上确定适宜的尺度。城市带状公园的空间及环境是否方便、舒适、宜人、温馨，其答案往往就在空间尺度之中。比如集体入园者经常活动的公共空间设计尺度不仅要开阔、通透，还不能仅讲排场，只能看而不能用。

另外，要注重城市带状公园绿地视觉环境设计。视觉是人类对自然界最主要的感知方式。城市带状公园绿地景观的产生关系到主体"人"和客体"城市带状公园绿地"之间距离的问题。因为带状公园绿地多与道路、水滨体等相依，既要考虑游人，也要考虑过路人的视觉效果，如杨·盖尔在《交往与空间》中提到"社会性视域——0～100m"、芦原义信提出"外部空间模数"是25m左右。因此，可以这样说，距离的接近有利于交流，25m左右对城市市民为视觉模数，在城市带状公园绿地景观设计中应以25m为转换。在城市道路25m左右距离形成一个较为有序绿地景观，能使绿地景观出现在视觉范围内。此外，在城市道路带状公园绿地视觉设计上，应考虑"汽车城市的尺度与步行城市的尺度"。对于绿地景观，主体"人"按观察速度的不同基本可分为机动车驾驶者和步行者，两者对城市道路绿地景观视觉感受不同。机动车驾驶者由于机动车速度较快，无法观察细节，对他们而言，绿地景观应注重群体效果景观，而对步行者来说，城市道路绿地景观中的细部处理让人觉得温馨宜人，草地花卉成为市民重点观察的对象，细部和整体都能欣赏。因此，应充分考虑视觉模数，在视觉模数的基础上进行带状公园绿地设计，适应步行者和机动车驾驶者的反应能力和视觉欣赏能力，以设计丰富的城市绿地景观。

4 城市带状公园绿地在城市绿地系统中的比重

城市带状公园绿地是城市公园绿地的一个重要组成部分，隶属于城市绿地系统，在城市绿地系统中所占比重直接关系到其在城市绿地系统中廊道效应的强弱，其廊道效应是城市绿地系统中其他类型绿地不具备或很少具备的独特功能。

4.1 城市绿地系统及分类

4.1.1 城市绿地系统

城市绿地系统是指以城市为单元的区域内各种类型绿地的综合体系，是城市景观的自然要素和城市社会经济可持续发展的生态基础，也是城市建设的重要基础设施和园林规划设计研究的重要对象。

4.1.2 城市绿地系统分类

依照 2002 年建设部颁布的《城市绿地分类标准》，我国城市绿地系统中的绿地分为以下几种类型。

（1）公园绿地。指向公众开放，以游憩为主要功能，兼具生态、美化、防灾等作用的绿地。包括综合公园、社区公园、专类公园、带状公园、街旁绿地。

（2）生产绿地。为城市绿化提供苗木、花草、种植的苗圃、花圃、草圃等圃地。

（3）防护绿地。处于卫生、隔离、安全要求，有一定防护功能的绿地。如卫生隔离带、道路防护绿地、城市高压走廊绿带、防风林、城市组团隔离带等。

（4）附属绿地。包括居住用地、公共设施用地、工业用地、仓储用地、道路和对外交通用地、道路广场用地、市政设施用地和特殊用地中的绿地。

（5）其他绿地。城市建设用地以外的绿地，对城市生态环境质量、居民休闲生活，城市景观和生物多样性保护有直接影响的绿地。如风景区、水源保护区、郊野公园、森林公园、自然保护区、风景林地、城市绿化隔离带、野生动物园、湿地、垃圾填埋场回复绿地（参见《城市绿地分类标准》）。

按城市绿地用地性质对城市绿地系统中的绿地分类，以上5种类型的绿地又可分为城市建设用地绿地和非城市建设用地绿地两种类型。其中公园绿地、生产绿地、防护绿地和附属绿地4种类型为城市建设用地内的绿地，而城市建设用地以外的绿地属于分类中的其他绿地。包括以生态、景观、旅游和娱乐条件较好或须改善的区域，如风景名胜区、水源保护区，郊野公园、森林公园、自然保护区、风景林地、城市绿化隔离带、野生动物园、湿地、垃圾填埋场回复绿地等。

4.2　我国城市绿地类型比例调查

我国幅员辽阔，城市众多，各个城市因受自然、气候、历史、政治、经济、文化等诸多因素的影响，城市基础设施建设发展速度极不均衡，城市绿地规模及其绿地类型比例长期以来一直没有法定统一的标准。各城市都是根据保护和改善城市生态环境、优化城市人居环境、促进城市可持续发展的要求，因地制宜，作出符合本城市实际情况的城市绿地规模及其绿地类型比例规划。

4.2.1　公园绿地和附属绿地的比例

在城市建设用地内绿地类型即公园绿地、生产绿地、防护绿地和附属绿地比例分配上，自20世纪90年代以来，因受城市改造和城市地价升值的影响，城市内的生产绿地大批向城市郊区或郊外迁移，原来纯属于城市建设用地的生产绿地和防护绿地已经越来越显示出郊区化的趋势，其用地性质在实际中已经突破了城市建设用地的范畴。正因为用地性质的变化，使生产绿地、防护绿地在城市建设用地中所占比例相对较小。从研究城市带状公园绿地的角度，考虑城市建设用地内绿地类型分配比例的合理性问题，最主要的应对公园绿地和附属绿地作出统计比较分析。

根据城市用地分类与规划建设用地标准，编制和修订城市总体规划时，居住、工业、道路广场和绿地四大类主要用地占建设用地的比例应符合以下的规定（表4-1）。

表4-1 城市规划建设用地建构

类别名称	占建设用地的比例（%）
居住用地	20～32
工业用地	15～25
道路广场用地	8～15
绿地	8～15

此表来源于《城市用地分类与规划建设用地标准》。

从表4-1可以看出，居住用地和工业用地所占比重较高，再加上公共设施用地和市政公用设施用地等，这样附属绿地所占比重较高，一般情况下附属绿地占这类城市建设用地的30%以上。在搜集整理资料的基础上，对包括北京在内的12个城市绿地系统规划的公园绿地和附属绿地占用城市建设用地的比例统计如下（表4-2）。

表4-2 12城市公园绿地和附属绿地在城市建设用地的比例

城市	绿地率（绿地占城市比例）（%）	城市建设用地内的绿地（hm²）	公共绿地（公园绿地）（hm²）	附属绿地（hm²）	公共绿地/城市建设用地内的绿地（%）	附属绿地/城市建设用地内的绿地（%）
北京市	30	62000	6100	14100	9.84	22.7
安阳市	42.97	4373	904	1311	20.7	30
开平市	45.7	2062.79	689.40	1002.86	33.4	48.6
廊坊市	40	1425.3	379.8	889.4	26.6	62.4
中山市	40	5267.2	1533	2659.8	29.1	50.5
杭州市	38	17214	6675	6089	38.8	35.4
桐乡市	45	1820	424.20	400	23.3	22.0
太原市	40	7133.08	2342.4	3074.8	32.8	43.1
宝鸡市	40	4212	1700.7	1668.8	40.4	39.6
秦皇岛市	44	9421	3257	5285	34.6	56.1
邯郸市	34	2884.7	1328.29	1556.41	46	53.9
郑州市	36	8032.73	2526.94	3895.94	31.5	48.5

说明：本统计表数据来源于各城市绿地系统规划，数据为规划指标。

表4-1中，统计的12个城市中有大、中、小城市。从统计数据总体看来，城市中的附属绿地在城市建设用地中所占比例要高于公园绿地面积占城市建设用地的比例。

4.2.2 我国大城市与西方大城市人均公园绿地面积比较

城市人均公园绿地面积是衡量一个城市绿化覆盖率和生态环境的重要指标。城市人均公园绿地面积（m²/人）=市区公园绿地面积（m²）/市区人口（人）。人均公园绿地面积的高低往往决定了一个城市中带状公园绿地面积的多少。

4.2.2.1 中国部分大城市人均公园绿地面积(表4-3)

表4-3 中国大城市人均公园绿地面积

城市	人均公园绿地(m^2/人)
北京	10
上海	11
太原	9.2
天津	8.1
广州	11.32
杭州	10
郑州	8.17
南京	10
海口	8.62
三亚	16.3
青岛	11.8
哈尔滨	7.15
长春	7.2
沈阳	12
昆明	7.2
深圳	16
包头	10.5

以上数据为各城市网上公布数据。

4.2.2.2 世界主要城市人均公园绿地面积(表4-4)

表4-4 世界主要城市人均公园绿地面积

国别	城市名称	人均公园绿地(m^2/人)
加拿大	渥太华	25.4
美国	华盛顿	45.7
巴西	巴西利亚	72.6
挪威	奥斯陆	14.5
瑞典	斯德哥尔摩	80.3
芬兰	赫尔辛基	27.4
丹麦	哥本哈根	19.1
俄罗斯	莫斯科	18.0
英国	伦敦	30.4
法国	巴黎	8.4
德国	柏林	26.1
德国	波恩	26.9
荷兰	阿姆斯特丹	29.4
瑞士	日内瓦	15.1
奥地利	维也纳	7.4
意大利	罗马	11.4
波兰	华沙	22.7

（续）

国别	城市名称	人均公园绿地（m^2/人）
捷克	布拉格	37
澳大利亚	堪培拉	70.5
朝鲜	平壤	14.0
日本	东京	1.6

以上数据来源于《城市绿地规划设计》（贾建中主编，中国林业出版社，2001）

4.2.2.3 比较分析

在以上的统计数据中，可以看到我国大城市人均公园绿地面积总体上低于西方大城市人均公园绿地。由于城市带状公园绿地是城市公园绿地的重要组成部分，因此不难得出推论，即我国城市带状公园绿地总体上的人均占有面积应该是低于西方城市人均占有面积。据统计，国外中等发达国家和发达国家城市绿地率约在20%~38%，人均绿地面积达 40m^2 以上。人均公园绿地面积：发展中国家0.4~6.2m^2/人，中等发达国家7.8~28.5m^2/人，发达国家12.2~30.4m^2/人（王磐岩，2005）。与此相比，我们存在很大的差距，要赶上和接近先进的发达国家的指标，还要做长期的努力。我国城市人多、地少，再加上资金投入的不足，都制约和影响了城市园林绿化建设的发展。

4.2.2.4 存在问题

（1）目前我国城市建设中，对于绿地系统的格局缺乏系统考虑。实际绿化过程中，"建筑优先，绿地填空"的现象非常严重，大量绿地往往是在填补建筑间和不适合建筑用地的空隙，而对绿地系统本身的结构和系统性缺乏考虑，具有一定规模，能发挥生态作用，保护生物多样性，疏导、净化空气的绿地斑块和廊道及带状公园绿地很少。相反，众多小块绿地占了绝对优势，其生态功能和游憩功能都极为有限。因此，我国城市大多数的绿地还是块状的绿地布局，对于改善城市的生态状况没有明显效果。目前，我国大多数城市的旧城区都属块状绿地布局，如上海、青岛、大连、武汉等地。此种块状布局的方式，如果在城市中均匀分布，可以方便市民的使用，但是由于其整体性差，缺乏带状绿地的连通性，因此在调节城市小气候、保护物种多样性等方面则效果不明显。

同时，对于绿地格局的分析，由于很少有定量分析，主要用一些描述性语言来说明市的绿地分布。如常见的"楔性系统""绿环式系统"等。布局规划中缺少对城市绿地格局的定量分析和城市生态过程的实际考虑，举例来说，围绕城市外环公路的一圈绿地，就成为"绿环"，对于形成绿环的生态意义，所需的宽度、面积、物种配置则没有相应的量化或者半量化分析。最为常用的是"点、线、面"结合，其实际情况往往是以行道树为线，缺乏带状公园绿地或带状防护绿地，网格中点缀一些城市绿地而已。这种线，无法形成景观廊道交流物种以及城市绿带疏导城市空气的作用。其生态作用很小，但这种模式却被大部分的绿地系统规划在套用。

（2）城市绿地面积总量不足，发展不平衡。全国的东、中、西部地区存在差距，大、中、小城市间差别也较大，大城市以及东部地区的城市园林建设指标和水平较高，中、小城市和中西部地区的城市在总体上则落后较多，这有自然条件的因素，也有资金投入、技术水平以及思想认识的不足。目前，东部地区城市绿化 3 项指标高于全国平均指标，西部地区的 3 项指标大大低于全国平均指标，全国人均公共绿地面积不足 $1m^2$ 的城市有 20 个，全部集中在西部地区（王磐岩，2005）。

（3）土地资源有限，城市建设用地十分紧张。我国人多地少，为保护有限的耕地，国家制定了严格控制城市规模和人均建设用地面积的建设方针，城市人均建设用地要严格控制在 $100m^2$ 以下，因此城市基础设施建设用地受到较大的限制，城市绿地面积也只能确定在一定的指标范围。

（4）规划设计中存在如下问题。在城市带状公园建设中，一些设计盲目比气派比豪华，超大型雕塑、小品比比皆是，如北京元大都带状遗址公园，设计了两处大型雕塑群，在海淀段设计了一组长 80m，主雕高 9m 的《大都建典》雕塑群（图4-1）；在朝阳段设计了《大都鼎盛》雕塑群（图4-2），基座台高有 6m，宽 60m，再加上雕塑其规模可想而知，导致了资金的极大浪费。其原因是多方面的。如果真正要提高城市的生态环境质量状况，还是应以植物景观为主，虽然见效慢，但是一个根本的措施。因此，城市带状公园绿地建设中出现的一系列景观大道形象工程是不合适的。

图 4-1　北京元大都带状公园中的雕塑

许多设计过多地追求平面几何构图，忽视了使用功能，多用硬质景观。有些设计，图面效果表现得非常好，从构图中心到每

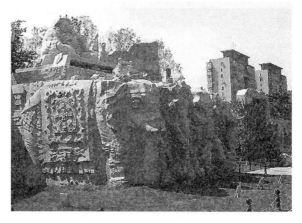

图 4-2　北京元大都带状公园中的雕塑

图4-3 带状公园绿地中被移植的大树

一个细部节点都能表达得非常清楚，但许多植物配置设计，实际上是拼凑而成，不成景观，更谈不上从景观和生态方面结合考虑了。

带状公园绿地，常常是城市的景观大道。种植设计中，乔灌木少，过多地强调装饰性，绿地以大面积草坪为基调，再加上绿篱、花坛构成的几何构图耗资巨大。特别是北方城市为了解决冬季枯草期的问题，引进了绿色期可达300天以上的国外草种，旱季每天草坪要浇一次水。对于缺水的城市来说，一方面带来了资源的浪费，另一方面带来了物种多样性的破坏。

大树移植成风，成活率低，南北城市盛行，造成资源极大的浪费。如图4-3是某城市带状公园被移植的大树。

4.3 城市带状公园绿地在城市公园绿地中的比例

由于城市带状公园绿地是2002年《城市绿地分类标准》颁布后才明确列出的一种城市公共绿地类型，因此我国城市带状公园绿地在城市公园绿地中的比例过去很少有统计资料数据。通过有限的资料整理，对9个城市的城市带状公园绿地在公园绿地中所占面积比例统计如下（表4-5）。

表4-5 城市带状公园绿地在城市公园绿地中的比例

城市	公园绿地（公共绿地）（hm²）	带状公园绿地（hm²）	带状公园绿地／公园绿地（％）
开平	689.4	334.06	48.5
桐乡	424.2	175	41.25
太原	2342.39	651.05	27.8
宝鸡	1656.22	837.99	50.6
保定	3473.3	516.7	14.9
杭州滨江区	1022.85	631.29	61.71
郑州	2526.94	456.68	18.1
西宁	1548.17	259	16.73
包头2020	2340	80	3.4

说明：以上资料来源于各城市编制的绿地系统规划。

表4-5的统计资料尽管不能完全说明我国城市带状公园绿地在城市公园绿地中所占面积的精确比例，但从中可以看出，我国城市带状公园绿地在城市公园绿地中所占比例因地区和城市的差异很不均衡。

4.4　城市绿地系统规划时应扩大城市带状公园绿地的比例

从 19 世纪中叶美国建设城市公园系统开始，西方规划大师们在理论上探究了若干城市绿地系统的模式并进行了实践，努力提高城市绿地率。由于其中的很多模式需要有较大的用地规模，而中国的基本国情是人口众多，人口密度尤其是城市人口密度较高。做城市绿地系统规划时，在城市建设用地有限的范围内，必须考虑城市公园绿地类型的选择和比例分配问题，使人均城市建设用地大大低于发达国家平均水平的现实情况下，提高城市的绿地指标，达到生态效益、经济效益、社会效益最大化。

根据上节对城市公园绿地与附属绿地面积比较，得出了我国城市绿地系统规划中仍然保持的附属绿地面积比公园绿地面积偏高的结论。说明要在目前城市建设用地贫乏的国情条件下，在城市绿地系统规划中削减附属绿地面积，尽可能扩大公园绿地或带状公园绿地面积，是达到城市生态效益、经济效益、社会效益最大化的有效途径之一。其原因，一是附属绿地与公园绿地最大的不同是附属绿地主要位于居民小区、单位生活区、行政机关、法人组织办公地等与外界相对独立，被围墙、栅栏相对隔离的区域中，对区域外生活和工作的人员处于封闭或半封闭状况；而公园绿地是对所有城市居民和游客开放的，因此，从绿地的使用率考虑，附属绿地不如公园绿地。二是附属绿地在城市绿地系统中常常是以"点"状的形态出现的，其生态效应往往局限于某一"点"上；而城市带状公园绿地在城市绿地系统中是以"线"状的形式出现，它可以连接两"点"或者几个"点"，形成生态廊道，扩大生态效应。如在花园城市新加坡，新建的高层建筑只占 35%，其余土地用于绿化，在道路和建筑物之间留下 15m 以上宽的空地用于种树、栽花、种草。居民虽在闹市中，也可听到蝉鸣鸟叫声（刘长乐、牛家庆，2000），并且有较好的生态效应。

4.4.1　以开放附属绿地来扩大带状公园绿地

以院落为单元的居住和建筑布局是中国的传统建筑风格。伴随着这种居住和建筑布局，以院落为单位"各自自扫门前雪"的绿化方式在我国城市发展的历史上也沿袭已久。在新中国很长一段历史时期，绿化的单位制仍然是中国城市绿化的一大特色。以围墙、栅栏隔离，各机关单位、各居民小区在自己"领地"中绿化的情况十分普遍，这就必然地造成了我国城市附属绿地在城市绿地系统中比例居高不下的状况。同时，由于各单位自己"领地"中的绿地基本上处于封闭或半封闭状态，只供本单位人员或本小区居民使用，与西方国家城市中少围墙、栅栏，城市所有绿地基本上对公众开放、生态资源大众共享的情况相比，城市绿地生态效应和使用率资源的确是极大的浪费。

正因为如此，20世纪90年代开始，海滨城市大连率先开始了拆除围墙、开放大院的活动，使大部分原来性质上属于机关、单位、居民小区附属绿地转变成对全体公众开放的绿地，增加了绿地的使用率。还因围墙、栅栏的拆除，使各单位的附属绿地集中连片，其中不少经过改造成为城市功能上公园绿地或带状公园绿地，发挥了更大的生态效益。此后，许多大、中城市纷纷效仿大连的做法。尽管如此，与西方国家城市绿地相比，我国城市中附属绿地比例仍然偏高。在一些城市，尤其是县级城市，因这样或那样的原因，还有相当多的机关和单位大院的围墙没有拆除，附属绿地高于公园绿地，同时也必然导致城市带状公园绿地面积偏低。

从城市绿地改造的角度而言，附属绿地对外开放后，许多都成了临街绿地。由于城市带状公园绿地可大可小，呈线型状，一个街区中几个相邻院落中的附属绿地同时对外开放后，一般只需要较小的投入就能把临街的几块附属绿地串联起来，改造成为功能上的城市带状公园绿地。城市带状公园绿地比起分隔割据的附属绿地，对城市的美化市民和游人的游憩、城市生态环境的提高无疑胜过附属绿地。因此，开放附属绿地，扩大功能上带状公园绿地，依然是当前的国情下，城市绿地系统规划应遵循的原则。

对于新建的城区，在城市总体规划时，机关单位、居民小区的临街红线应适当退后，提倡绿地临街，集中使用绿地，尽量控制院落式附属绿地的面积指标，增加城市带状公园绿地面积指标。如，为杭州市滨江区城市进行绿地系统规划时，规划临街的居住用地和工业用地，在主次干道旁应退后红线20m，在支线旁退后红线10m，高层建筑退后红线30m。后退部分的土地作为代征用地，规划成公园绿地或城市带状公园绿地（绿地统计时，仍为附属绿地指标），避免临街各单位各自为政、搞院落绿化，提高了绿地的使用率和生态效应。

图4-4　美国硅谷私有绿地成为公共绿地的组成部分

在调整城市绿地系统规划时，如附属绿地土地的使用权人不易改变，可采取变通方法，保持土地使用权属不变化，仅对它的使用功能进行改变，即土地使用权仍归机关单位、居民小区所有，而将附属绿地变为功能上的城市带状公园绿地或公园绿地的作用。

美国的硅谷在兴建过程中，就采取了开放办公园区，园区私有绿地成为公共绿地的组成部分（图4-4）。大院式的封闭绿地如果出于安全考虑的话，在

图4-5　美国开放的居住区边界装有电子监控

现代的安保技术早已突破围墙和铁丝网的时代，让公众享用开放绿地的过程，在看不见的保安系统下，一个开放的绿地可以比封闭的院落更加安全（俞孔坚，2003）（图4-5）。

4.4.2　在滨水空间中扩大带状公园绿地

图4-6　温州滨江廊道被私人或单位用地被隔断

在城市滨水空间中，被割裂成为私人或单位用地的现象较多。如图4-6，温州滨江廊道被私人或单位用地隔断，应当拆除，营建连续不断的带状公园绿地，降低滨水区建筑密度，将滨水建筑一、二层架空，使滨水区空间与城市内部空间通透，扩大滨水带状公园绿地面积。

4.4.3　道路红线内的部分绿地可成为带状公园绿地

中国目前绝大多数城市中的道路绿地，可以看成是在有限宽度的绿带中，放置了最宽的道路，如图4-7，某城市宽敞的道路缺少绿地。目前，有些城市人口不多，车流量也不大，红线内应让出一部分作为带状绿地使用，其结构和功能将相当于城市绿地系统中的公园廊道，即带状公园绿地。这是合理地增加城市绿地的有效途径。据初步测算，在道路合理的规划设计中，一条宽60m的城市干道的道路红线范围内，如果按照"国家园林城市"的标准，绿地占道路面积的25%，人行道和自行车道各宽5m计算分析，则属于公园廊道的面积可达道路面积的58%；如果按照"人的交通"分析，属于公园廊道的约占53%（图4-8）；如果按照人行道、自行车道和绿带计算，则公园廊道占50%（图4-9）。按照通常的道路断面分析，50%以上的道路面积可以建设成为"公园廊道"形式的绿地。而在我国的城市规划中。道路广场用地一般占城市建设用地的8%～15%，或人均7～15m²。由于步行和骑自行车在中国城市出行人口中的比例约占一半以上，因此，这种交通型的公

图4-7 某城市宽敞的道路缺少绿地

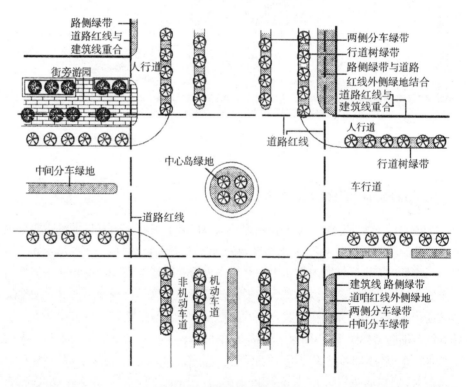

图4-8 道路绿地名称示意图

园廊道可以使中国城市中大约1/2的出行人口获益，即享受到"人的交通"的乐趣。这种带状公园绿地可以因地制宜、宽窄自如、线形丰富。若再将它与城市的公园、居住区、娱乐区和工作区有机地联系，就可以使步行者和骑车人终年运动在永久

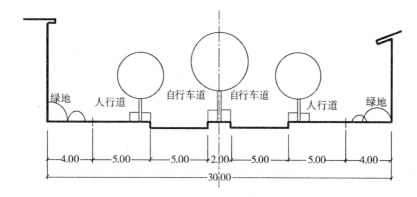

图4-9 30m宽道路内的公园廊道绿地

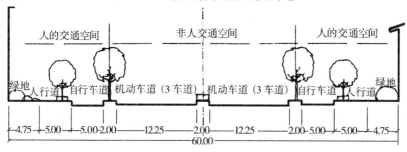

图4-10 60m宽道路内的公园廊道绿地

的绿色之中（李金路、张丽平，2003）。同时，红线内的绿地和红线外的绿地结合可以增加带状公园绿地的宽度（道路红线内的绿地统计仍属于附属绿地）。

4.5 构建合理的城市带状公园绿地布局

构建合理的城市绿地布局，需要以景观生态学的理论为指导，在城市绿地系统规划中，按照绿地建设系统性的要求，建设生态完善的景观生态网络。对于老城区，利用带状公园绿地，逐步提高城市绿地的连通性，降低破碎化严重的现象；对于新建的城区，要改变建筑优先的原则，建立开敞空间优先的规划原则，加强城市绿地的系统性。布局中，加强带状公园绿地与块状绿地的连接性，改变目前城市绿地空缺的局面，形成一定规模的绿地。对城市热岛效应的典型抽样分析结果显示，规模大于3hm²且绿化覆盖率达到60%以上的集中绿地，其内部的热辐射强度有明显的降低（李延明等，2002）。

俄罗斯的莫斯科公园系统的发展前景是由城市总体规划以及专门拟制的城市绿化方案决定。其城市总体规划规定，在形成城市的建筑艺术面貌时，要利用当地的自然特点，如起伏的地形、河流和池岸美丽的轮廓以及大面积的绿地，在城市总体规划中，特别注意组织居民休息和绿地系统的发展。目前，莫斯科各类型公园面积达14 200hm²。1978年，在莫斯科环形汽车公路的范围内有34 000hm²绿地，其中公共绿地达11 000hm²，除公园外，14个花园、700 个小游园和 100 条花园林阴道即带状公园（郦芷若，1992），组成莫斯科公园系统（图 4-11）。

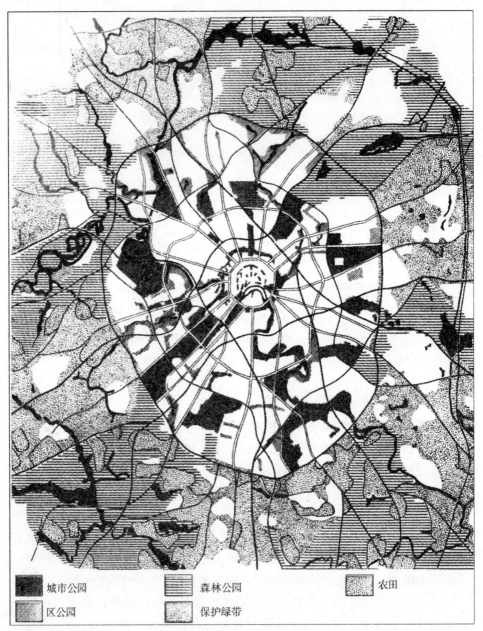

城市公园　森林公园　农田

区公园　保护绿带

图 4-11　莫斯科公园系统图

5 城市带状公园与城市绿地系统的结构分析

根据景观生态学一般原理，景观的结构对通过其中的生态流有重要影响（肖笃宁，2001），即不同的景观结构产生不同的生态效应。城市带状公园绿地是城市绿地系统的重要组成部分，它和城市绿地系统的结构对城市的生态功能和生态环境质量有重要影响。

5.1 城市带状公园绿地和景观生态学

景观生态学（Landscap Ecologe）一词是1939年由著名德国地质学家C. Troll在利用航空像片研究东非土地利用问题时提出来。当时的C. Troll把航空摄影测量和植被调查分析结合起来，首次将生态学和地理学这两个领域中科学的研究工作协调统一起来。20世纪60年代开始，景观生态学在欧洲得到快速发展。这一时期景观生态学偏重地理学的研究内容，主要工作是土地评价、自然保护区及公共绿地的景观生态规划。进入80年代，美国景观生态学崛起。美国景观生态学较多地继承了生态学的传统，把景观生态学建立在生态学、地理学、系统科学及其他现代科学研究的基础上，侧重于景观结构、功能和动态变化的研究。90年代后，美国景观生态学和欧洲景观生态学不断融合，在国土整治、资源开发、土地利用、自然保护、环境治理、区域规划、城乡建设、旅游开发等领域广泛应用，促进了现代景观生态学的成熟和发展。当代景观生态学以整个景观为对象，综合应用生态学、地理学、环境学、资源学、规划学、管理学、系统科学等学科的研究方法，研究景观的结构、功能和变化及景观的美化格局、优化结构、合理利用和保护（傅伯杰，2001）。

城市景观生态规划是景观生态学应用的一个重要领域，包括宏观和中观两个层次。前者是根据景观生态学的原理，对城市土地利用类型的布局进行规划和评估；后者是对城市内某一景观类型进行规划，如城市绿地系统和带状公园绿地的规划和评价。

5.1.1　城市绿地景观体系

城市是以人工生态系统为主构成的景观，景观元素有3种类型：斑块(patch)、基质(matrix)和廊道(corridor)。城市绿地作为城市景观的一部分，是以绿色植被为主要存在形态的开放空间并具有相对同质性，因此城市绿地可以认为是城市的一种景观元素，斑块、基质、廊道和边界构成了一个完整的城市景观空间格局(王浩，2003)(图5-1)。城市绿地景观体系的构成见表5-1。

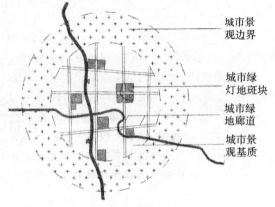

图5-1　城市绿地景观体系示意图

城市景观边界

城市绿灯地斑块

城市绿地廊道

城市景观基质

表5-1　城市绿地景观体系

城市绿地景观体系	城市绿地斑块	公园绿地
		生产绿地
		单位附属绿地
	城市绿地廊道	带状公园绿地
		带状防护绿地
	城市景观基质	工业用地
		仓储用地
		市政设施用地
		公共设施用地
		其他
	城市景观边界	即城市景观的外围，是城市景观与自然景观的过渡带

5.1.1.1　城市绿地斑块

从城市绿地系统角度考虑，包括城市范围内的公共绿地、单位附属绿地、防护绿地、生产绿地和其他绿地类型。根据景观生态学的观点，斑块指在外观上不同于周围环境的非线性地表区域。在城市绿地系统中，公园绿地、附属绿地、生产绿地，块状空间相当于城市景观中的绿地斑块。

5.1.1.2　城市绿地廊道

廊道指不同于两侧斑块的狭长地带，可以看作是一个线状或带状的斑块。在城市绿地系统中，城市绿地廊道是指城市景观中线状或带状的城市绿地。带状公园绿地是城市绿地廊道的重要类型。分布科学合理的城市带状公园绿地和其他城市绿地廊道，不仅能增加城市景观多样性，将城市内部的各类斑块连接起来，有利于城市景观中各斑块间能量和物质的交换和改善城市的生态环境质量，完善城市生态功能，并且在城市景观中富有美学功能。

5.1.1.3　城市景观基质

基质指景观中的背景地域，是景观中面积最大，连通性最好，在景观中起着重要作用的景观元素类型。城市绿地景观基质主要是人工的元素，主要有建筑、构筑物、道路、铺装等组成，城市绿地景观基质按其用地性质可分为工业用地、仓储用地、居住用地、市政设施用地、公共设施用地等。

5.1.2　城市绿地布局模式

城市绿地系统的景观生态规划，应从系统的角度进行整体规划，合理布局斑块和廊道。根据景观生态学原理，城市绿地系统及带状公园绿地要能发挥良好的生态效应，各类绿地斑块的数量应达到一定的规模，大斑块和小斑块比例适宜，而且分布均匀；包括城市带状公园的绿地廊道能将各类绿地斑块有机连接起来，使城市绿地系统成为有机的整体（肖笃宁，2001）。霍华德提出了绿地共有化主张，实际上是反映了其希望通过建立新的城乡结构，缓和社会矛盾和环境矛盾的思想，早期的理想绿地模式基本以环城绿带为主要内容。霍华德理想绿地模式如图 5-2、5-3。拉鲁尔在 1985 年出版的《设计人类的生态系统》（*Design for Human Eco-*

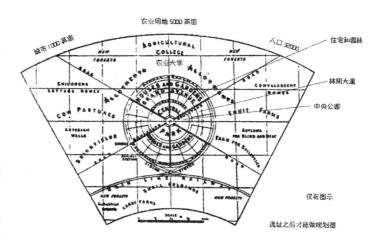

图 5-2　田园城市模式图

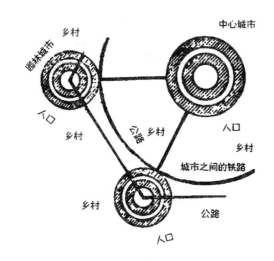

模式展示城市生长正确的原则

图 5-3　田园城镇群模式图

systems）一书中，提出了以生态保护为绿地空间系统的配置类型，如，廊道结合型指沿着生物多样性高的河流、水路等自然廊道配置绿地；群落廊道结合型将自然保护地通过绿地廊道结合起来（图5-4、5-5）。特纳（Tuener）在1987年提出沿建筑物边缘配置的边缘结合型、保护水环境和生物的水系活用型和蜘蛛网系统型等（图5-6、5-7、5-8）。约翰·奥姆斯比·西蒙兹（John Ormsbee Simonds）提出了适应于21世纪花园城市地形的图示模型布局图（图5-9）；该图作为远期新概念规划又叫模型，是一个典型的城市化地区，它保护和保留了最佳的主导地形特点。环城公园道与发展区域和内部联系线路都与自然景观框架相协调（刘晓明等，2005）

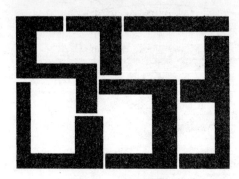

图 5-4　廊道结合型

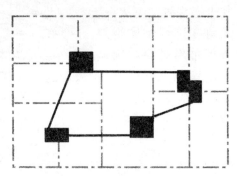

图 5-5　廊道群落结合型

图 5-6　边缘结合型

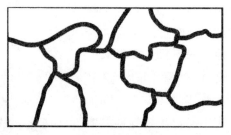

图 5-7　水系活用型

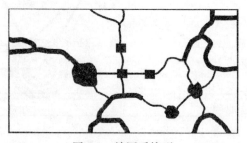

图 5-8　蛛网系统型

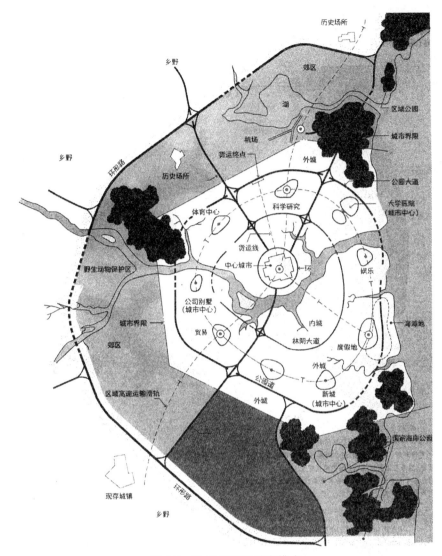

图 5-9　21 世纪花园城市模式

5. 2　城市带状公园与城市绿地系统景观结构的"3S"分析方法

由于城市带状公园和城市绿地系统的景观结构研究尺度较大、数据复杂，"3S"技术（即 remote sensing，简称 RS；geographic information system，简称 GIS；global positioning system，简称 GPS），尤其是遥感技术（RS）和地理信息系统（GIS）成为城市带状公园和城市绿地系统的景观结构及景观生态规划中的主要方法。

遥感技术在景观生态学研究中应用主要是对景观类型的划分。在本项研究中，遥感数据被应用于城市绿地系统不同类型(包括城市带状公园)的划分。

目前，遥感技术中，卫星遥感技术的应用较为广泛。这是因为卫星影像更具宏观性、概括性，大型地物景观的宏观特征能够直观地显现出来。应用多时相遥感数据，对比分析观测区不同期的绿地分布，获得观测区内准确的绿地变化及空间分布情况从而实现城市绿地的动态研究。

运用遥感技术进行景观结构分析的具体步骤是：进行图像处理与合成；以城市绿地类型现状调查资料为基础，在野外实地考察和目视判译的基础上，查阅有关的图件资料，建立解译标志；对研究区的卫星影像进行解译，主要是在遥感图像上划出各地类界线，得到遥感分类图，从而分析评价不同景观类型变化特征。

在相应格式的遥感数据和遥感分类图的基础上，运用 GIS 计算和分析景观多样性、景观优势度、景观均匀度、景观破碎化指数、斑块面积、斑块形状、廊道带斑比、廊道连接度、廊道环度等景观结构指数，用以分析和评价城市带状公园和城市绿地系统的景观结构。

5.2.1　卫星遥感信息源的选择

遥感数据的选择，可以根据研究对象的空间尺度和指标，选用不同的遥感数据源。城市绿地系统研究中一般选用美国 Digital Globe 公司的高分辨率 QuickBird 卫星的全色波段影像数据。这种影像清晰度特别高，可以更加快速、准确地反映地物信息，在城市绿地系统的景观结构分析中发挥巨大作用。通过 QuickBird 影像可以发现城市中新增加的每一栋房屋和每一片绿地，可以具体标注将要拆迁的房屋，并可以通过比对拆迁前后的 QuickBird 影像比较拆迁前后的市容市貌。QuickBird 影像数据能为城市规划管理、园林绿化规划设计等提供详尽准确的城市空间信息。

5.2.2　遥感图像处理过程

高空间分辨率卫星影像的判读，由图像预处理和信息提取两大部分组成。图像处理是指对遥感图像或资料进行的各种技术处理。包括对原始图像复原处理；图像增强处理与合成以及自动识别和信息提取的分类处理。图像处理目的是挖掘遥感图像最大的信息量，使图像更加清晰，并赋予重点地物以最鲜亮明快的色调，使目标地物更为突出明显，便于信息提取和识别，同时色调配置又符合人眼主观视觉的心理平衡，使其更适于应用。

5.2.2.1　几何精校正

几何精校正即利用地面控制点，对因其他因素引起的遥感图像畸变进行纠正。精校正是实现遥感数据与实测数据相配准的主要环节，直接影响分类结果的准确性。

5.2.2.2 影像重采样

纠正后的影像按三次立方卷积的方法进行重采样，生成新的影像，则该影像可以作为测区的正射影像，同时记录下该影像的相关数据信息，包括影像各角点地理坐标(X, Y)、影像行(row)数和列(column)数，影像中每个像素代表的实地距离即分辨率(resolution)等。有了这些数据，正射影像则可在GIS或其他测图软件中进行配准。

5.2.2.3 影像镶嵌

当研究区超出单幅遥感图像所覆盖的范围时，通常需要将两幅或多幅图像拼接起来形成一幅或一系列覆盖全区的较大图像，这个过程就是图像镶嵌。进行图像镶嵌时，首先要指定一幅参照图像，作为镶嵌过程中对比度匹配以及镶嵌后输出图像的地理投影、像元大小、数据类型的基准；在重复覆盖区，各图像之间应有较高的配准精度，必要时要在图像之间利用控制点进行配准；尽管其像元大小可以不一样，但应包含与参照图同样数量的层数。

5.2.2.4 影像裁剪

根据所要研究的区域范围对镶嵌图像进行裁剪。可按照事先界定好的边界多边形进行遥感影像裁剪，采用ERDAS IMAGINE分两步完成：先将绿地类型边界矢量多边形转换成栅格图像文件，然后通过掩膜运算实现图像不规则裁剪，产生城市绿地类型遥感影像。

5.2.3 解译标志的建立

遥感影像解译标志研究是判别景观类型变化的重要内容，主要是对影像颜色、形状特征进行分析。颜色特征是地面物体的电磁波特征在卫星像片上的反映，各种地物物质成分、表面结构以及表面温度等的不同，造成光谱特性的差异，这种差异反映在影像上则表现为色彩差异；形状特征又是色彩在空间上的组合排列，是由于地面起伏和地表不同物质对相同波段电磁波的吸收与反射不一样所造成的图形差异。

5.2.4 图像解译和处理

根据解译标志的结果在地理信息系统环境下对遥感影像图进行解译分类：先将遥感数据导入地理信息系统软件，根据其属性和地理投影信息，建立数据库；利用图像解疑标志和城市绿地系统分类标准，在地理信息系统环境中进行各类绿地斑块的矢量化工作。对各斑块进行分类和属性编辑，应用地理信息系统统计分析模块，对各类绿地的面积、斑块数量以及廊道的特征数据等进行统计分析，最后在地理信息系统平台下将处理的结果以图表的形式输入。

5.3 城市绿地系统结构分析

用于城市绿地系统结构分析的指标较多，根据相关文献资料（傅伯杰，2001；肖笃宁，2003；车生泉，2003），针对城市绿地景观的特点和绿地系统规划目标和需要，选择易于量化、便于获取又最能说明城市绿地空间结构与布局情况的指标进行分析。具体包括二大部分：一是城市绿地景观单元特征指数，如绿地斑块面积、周长、斑块数量、密度等；二是景观异质性指数，如多样性指数、丰富度指数、聚集度指数、均匀度指数等。第一类指标反映的是绿地景观构成情况，第二类指标反映的是绿地景观结构的空间布局。

5.3.1 景观单元特征指数

5.3.1.1 斑块类型面积

$$CA = \sum_{i=1}^{n} a_i \left(\frac{1}{10000} \right) \tag{5-1}$$

单位：hm²，范围：$CA > 0$

CA：斑块类型面积（下同）

a_i：斑块面积（下同）

n：某类斑块个数（下同）

生态意义：CA 度量的是景观的组分，也是计算其他指标的基础。具有很重要的生态意义，不同类型面积的大小能够反映出其间物种、能量和养分等信息流的差异。一般来说，一个斑块中能量和矿物养分的总量与其面积成正比；为了理解和管理景观，我们往往需要了解斑块的面积大小，如所需要的斑块最小面积和最佳面积。

5.3.1.2 景观面积

$$TA = CA \left(\frac{1}{10000} \right) \tag{5-2}$$

单位：hm²，范围：$TA > 0$

TA：景观面积（下同）

生态意义：TA 决定了景观的范围以及研究和分析的最大尺度，也是计算其他指标的基础。在景观生态建设中，对于维护一定数量的物种，维持稀有种、濒危种以及生态系统的稳定，保护区或景观的面积是重要的因素。

5.3.1.3 斑块所占景观面积的比例

$$\%LAND = \frac{\sum_{i=1}^{n} a_i}{TA} (100) \tag{5-3}$$

单位：百分比，范围：$0 < \%LAND \leqslant 100$

%*LAND*：斑块所占景观面积比例

生态意义：%*LAND* 度量的是景观的组分，其在斑块级别上与斑块相似度指标（LSIM）的意义相同。由于它计算的是某一斑块类型占整个景观面积的相对比例，因而是帮助我们确定景观中基质（matrix）或优势景观元素的依据之一。

5.3.1.4　斑块个数

$$NP = n \tag{5-4}$$

单位：无，范围：$N \geqslant 1$

NP：斑块个数

生态意义：*NP* 在类型级别上等于景观中某一斑块类型的斑块总个数；在景观级别上等于景观中所有的斑块总数。*NP* 反映景观的空间格局，经常被用来描述整个景观的异质性，其值的大小与景观的破碎度也有很好的正相关性，一般规律是 *NP* 大，破碎度高；*NP* 小，破碎度低。

5.3.1.5　最大斑块所占景观面积的比例

$$LPI = \frac{\max\limits_{i=1}^{n}(a_i)}{TA}(100) \tag{5-5}$$

单位：百分比，范围：$0 < LPI \leqslant 100$

LPI：最大斑块所占景观面积的比例

生态意义：有助于确定景观优势类型，其值的大小决定着景观中的优势种、内部种的丰度等生态特征；其值的变化可以改变干扰的强度和频率，反映人类活动的方向和强弱。

5.3.1.6　斑块密度

$$PD = \frac{N}{CA \times 10000} \times 100 \tag{5-6}$$

单位：#/100hm²，范围：$PD > 0$

PD：斑块密度，即每平方千米上的斑块数

N：某类斑块个数

生态意义：，描述景观内部各类斑块分布的密集程度，有助于了解同种斑块在不同景观带内的分布情况。

5.3.1.7　斑块边缘密度

$$ED = (E/A)10^6 \tag{5-7}$$

单位：无，范围 $ED > 0$

ED：斑块边缘密度

E：景观中所有斑块中边缘总长度

A：景观总面积

生态意义：描述景观破碎化趋势。

5.3.2 景观异质性指数

5.3.2.1 景观丰富度

$$PR = m \tag{5-8}$$

单位：无，范围：$PR \geqslant 1$

PR：景观丰富度

m：景观中出现的斑块类型数（下同）

生态意义：PR 是反映景观组分以及空间异质性的关键指标之一，并对许多生态过程产生影响。研究发现景观丰度与物种丰度之间存在很好的正相关，特别是对于那些生存需要多种生境条件的生物来说 PR 就显得尤其重要。

5.3.2.2 形状指数

$$S = P/(2 \sqrt{CA\pi}) \tag{5-9}$$

S：形状指数

P：斑块周长（同下）

CA：斑块面积

生态意义：斑块为圆形时，斑块形状指数为 1；斑块为其他形状时，斑块形状指数大于 1，斑块形状越复杂，斑块形状指数越大。

5.3.2.3 分维数指数

$$D = 2 \cdot k \tag{5-10}$$

式中：D 是分维数；k 是斑块面积与周长之间的回归系数

$\text{Log}_2(P/4) = k \cdot \log_2(s) + c$

生态意义：分维数表示斑块类型的复杂程度，分维数越大，斑块越不规则，形状复杂程度越高。尤其对斑块边界的形状有较强形象理解，斑块形状与其周长和面积有很大的关系。

5.3.2.4 多样性指数

$$SHDI = - \sum_{i=1}^{m} (P_i \ln P_i) \tag{5-11}$$

单位：无，范围：$SHDI \geqslant 0$

$SHDI$：多样性指数

P_i：斑块类型 i 在景观中所占比例（下同）

生态意义：该指标能反映景观异质性，该值较大时说明景观中景观元素类型较多且各类景观元素所占面积均匀，强调稀有斑块类型对信息的贡献。在比较和分析不同景观或同一景观不同时期的多样性与异质性变化时，$SHDI$ 也是一个较好的指标。

5.3.2.5 优势度指数

$$D = H_{\max} - \left[\sum_{i=1}^{m} (P_i \log_2 P_i) \right] \tag{5-12}$$

单位：无，范围：$D \geqslant 0$

D：优势度指数

$H_{max} = \log_{2m}$ 表示景观最大的多样性指数

生态意义：景观优势度用景观优势度指数来度量。表示景观多样性对景观最大多样性的偏离程度。该指数数值较大时，说明该景观被少数景观元素所占据，少数景观元素在景观中占有绝对优势。

5.3.2.6 均匀度指数

$$SHEI = \frac{- \sum_{i=1}^{m} (P_i \ln P_i)}{\ln m} \tag{5-13}$$

单位：无，范围：$0 \leqslant SHEI \leqslant 1$

$SHEI$：均匀度指数

生态意义：$SHEI$ 是比较不同景观或同一景观不同时期多样性变化的一个有力指标。$SHEI$ 值较小时优势度一般较高，可以反映出景观受到一种或少数几种优势斑块类型所支配；$SHEI$ 趋近 1 时优势度低，说明景观中没有明显的优势类型且各斑块类型在景观中均匀分布。

5.3.2.7 聚集度指数

$$CONTAG = 1 + \frac{\sum_{i=1}^{T} \sum_{j=1}^{T} P_{(i,j)} \log (P_{(i,j)})}{2\log (T)} \tag{5-14}$$

单位：百分比，范围：$0 < CONTAG \leqslant 100$

$CONTAG$：聚集度指数

式中，$P_{(i,j)}$ 是生态系统 i 与 j 相邻的概率；T 是景观中生态系统类型总数。

生态意义：理论上，$CONTAG$ 值较小时表明景观中存在许多小斑块；趋于 100 时表明景观中有连通度极高的优势斑块类型存在。$CONTAG$ 指标描述的是景观里不同斑块类型的团聚程度或延展趋势。一般来说，$CONTAG$ 值较低说明景观中的某种优势斑块类型形成了良好的连接性；反之则表明景观是具有多种要素的密集格局，景观的破碎化程度较高。

5.4 城市带状公园结构分析

5.4.1 城市带状公园的一般结构

城市带状公园的一般结构特征包括：带状公园的长度、廊道曲度、生物种类、植物密度等。在城市带状公园规划设计中，其长度、宽度及曲度等结构指标是规划设计的关键。

5.4.1.1 城市带状公园的长度

城市带状公园绿地的长度一般没有具体的限定。一般来说，一定宽度的城市带状公园长度越长（即带状公园面积越大），连接的绿地景观元素越多，其生态效应就越大。在具体的规划设计中，常以城市的四边轮廓长度为参照依据，同时根据所处的特定地理条件确定。表5-2 是对一些城市带状公园绿地的长、宽及面积的统计。天津海河带状公园河岸两侧长度 19.8km，沈阳南运河带状公园绿地长 14.5km，北京元大都带状公园绿地 9.8km，北京顺成公园位于西二环的东侧从复兴门立交桥至官园路口，全长 1.5km，上海世纪大道长度 4.47km，上海浦东滨江大道带状公园绿地长度 1km 等。

表5-2　带状公园绿地统计表

序号	城市	名称	公园长度（km）	公园宽度（m）	面积（hm²）
1	北京	元大都遗址公园	9	130 ~ 160（含水面）	126
2	北京	明城墙遗址公园	1.5	81	12.2
3	北京	皇城根遗址公园	2.8	29	81.2
4	北京	菖蒲河公园	0.51	两侧各20	3.8
5	北京	顺城公园	1.5	30	4.5
6	北京	中轴路公园绿地	2	285	40
7	北京	护城河内侧崇文段	4.7	30	12
8	天津	海河带状公园	两侧8.2、11.6	15 ~ 30	390
9	上海	世纪大道公园绿地	4.47	两侧20、40	26.82
10	上海	浦东滨江大道绿地	1	50	5
11	上海	天原河滨公园	1.13	50 ~ 60	7
12	深圳	福田河滨公园绿地	3.5	平均110，含水面	38.4
13	深圳	大梅沙海滨公园	1.8	60 ~ 190，含沙滩	38
14	三亚	三亚湾海滨公园绿地	15.8	两侧平均宽27	94.8
15	湛江	观海长廊	2.5	平均76	19
16	海口	西海岸带状公园	10	平均106	106.7
17	珠海	情侣海滨公园绿地	17	22	36.6
18	汕头	观海长廊	1.9	18	3.4
19	青岛	长江路公园绿地	6	20 ~ 30	15
20	龙口	中心大道公园绿地	5.03	40	20.1
21	烟台	海滨南路公园绿地	5	300	265
22	沈阳	南运河带状公园	两侧各14.5	平均宽108，含水面	314
23	福州	闽江公园北岸	5.5	100	47.5
24	福州	闽江公园南岸	7	100	65
25	福州	江滨大道公园绿地	2.6	8 ~ 20	28
26	南京	秦淮河公园绿地	两侧2.6、1.4	平均宽33	135.7
27	南京	龙蟠路公园绿地	5	两侧平均宽30	15

（续）

序号	城市	名称	公园长度（km）	公园宽度（m）	面积（hm²）
29	哈尔滨	斯大林带状公园	1.75	平均60	10.2
30	长春	长春伊通河	13.2	两侧平均宽100	264
31	杭州	运河公园	10	两侧30	60
32	杭州	湖滨公园	1	平均120	12.94
33	杭州	滨江区江南大道公园	10	25~30	56.2
34	杭州	滨江区风情大道	6.6	两侧各50	66
35	杭州	四季大道	2	两侧各50	20
36	杭州	滨安路	5.2	两侧各20	10.4
37	杭州	闻涛路	16	30~70	72
38	呼和浩特	小黑河带状公园	12.8	170	443
39	成都	成都府南河环城公园	4.2	208，含水面	875
40	大同	御河公园	西岸5.45	100	63

5.4.1.2 城市带状公园的宽度

景观生态学认为生境的质量和物种的数量都受到廊道宽度的影响，随着廊道宽度的增大，廊道内的边缘种和内部种具有不同的数量变化的格局（图5-10）。

宽度是城市带状公园绿地结构的重要指标。根据景观生态学的观点，城市带状公园是一种以林木为主体的带状廊道，这种廊道应有较大的宽度，每边都有边缘效应，足可包含一个内部环境，并能容纳一定的休憩娱乐设施。景观生态学的相关研究表明，对于较宽的林地

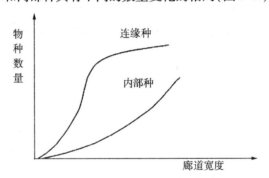

图5-10　廊道宽度与物种数量关系

廊道，12m是一个明显的阈值。在3~12m之间，廊道宽度与物种多样性之间相关性接近于零，而宽度大于12m时，草本植物多样性平均为狭窄地带的2倍以上（Forman and Godron，1986）。说明大于12m的林地廊道才可能形成一个相对稳定的内部生态环境，具有较明显的生态环境效应。宽度在12~30.5m之间时，能够包含多数的边缘种，但多样性较低；在61~91.5m之间时具有较大的多样性和内部种（俞孔坚等，1998）。佩斯（Pace）在研究克拉马斯国家森林（Klamath National Forest）中提出，河岸廊道的宽度为15~61m，河岸和分水岭廊道的宽度为402~1609m，能满足动物迁移，较宽的廊道还为生物提供具有连续性的生境（Pace，1991）。巴德（Budd）在研究湿地变迁时发现，河岸植被的最小宽度为27.4m才能满足野生生物对生境的需求（Budd，

1987）。

由于城市带状公园类型和城市不同地段的具体情况，城市带状公园宽度也各不相同。如天津海河带状公园宽 15～30m，北京顺成公园平均宽度近30m，上海世纪大道宽度两侧分别为40m和20m，上海浦东滨江大道带状公园宽度平均50m。

根据景观生态学理论和相关实践，各类城市带状公园绿地的宽度至少要在12m以上。具体地段上不同类型带状公园，应依据不同地段的具体情况和不同类型城市带状公园的具体要求，因地制宜地确定出12m以上的平均宽度。

5.4.1.3 城市带状公园的曲度

城市带状公园绿地的曲度是指它的弯曲度或通直度，一般以带状公园的总长度除以直线长度度量。城市带状公园受周围其他规则地块的影响，其曲度一般较小。从景观生态学的角度出发，城市带状公园在规划设计中应结合地理地貌，设计一定的曲度，增强景观的美学效果，如图5-11为加拿大温哥华滨水带状公园绿地结合自然弯曲的海岸线形成良好的景观。

图5-11 加拿大温哥华曲折的带状公园绿地

5.4.1.4 城市带状公园的结构

带状公园绿地结构是指带状公园规划设计方式，主要是植物群落的配置方式和类型。无论是道路绿带还是河岸植被带，都要把环境保护放在首要位置，综合考虑休闲游憩功能和环境保护的关系，植物配置应以乡土树种为主，兼顾观赏性和城市景观，以地带性植被类型为设计依据，配置生态性强、群落稳定、景色优美的植被。在污染区域，针对污染源的类别，配置相应的抗性强、具有净化功能的植物。如图5-12所示的河道景观设计模式，它提供了一种可参考的设计方法。

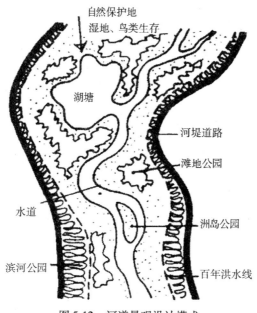

图 5-12　河道景观设计模式

5.4.2　城市带状公园和城市绿地廊道的景观结构

城市带状公园和其他城市绿地廊道在城市景观中呈不同程度的网络状分布，城市绿地廊道的这种网络状分布对城市景观的小气候、生物、土壤、水分等生态过程变化有很大影响。在景观尺度上，城市带状公园和城市绿地廊道结构可用带斑比和廊道的网络度量指数、连通性指数、环度指数度量。

5.4.2.1　带斑比

带斑比 = 景观中廊道的面积/景观的总面积，表示被分析的廊道在景观中占有的比例。

在城市绿地景观中，带斑比的指数越大，说明城市带状公园和其他绿地廊道在整个绿地系统中所占比例越大，相应的生态效应也越大。但由于城市规划和城市建设的限制，城市带状公园和其他绿地廊道在整个绿地系统中所占比例不能无限增大。

5.4.2.2　连通性

连通性是景观中廊道的连接程度；节点是廊道和其他景观元素的交点。

连通性指数 = 景观中的廊道数/景观中最大可能的廊道数

$$R = L/L_{max} = L/3(V-2) \qquad (5-15)$$

R：连通性指数，L：连接数，L_{max}：最大可能连接数，$L_{max} = 3(V-2)$，V：节点数

R 值的范围在 $0 \sim 1$ 之间，$R = 0$，表示没有廊道连接；$R = 1$，表示景观中的廊道在每个节点处彼此连接。

在城市绿地系统中，连通性指数越大，说明城市带状公园和其他绿地廊道在整个城市绿地景观中彼此连接的机会越大，在其他条件相同时，相应的生态效应也越大。由于城市规划和城市建设的限制，城市带状公园和其他绿地廊道在城市景观中的连接度受道路和建成区影响越大。

5.4.2.3　环度

环度是指景观中廊道的闭合程度。

环度指数 = 景观中廊道的环路数/景观中廊道最大可能的环路数

$$A = (L - V + 1)/(2V - 5) \tag{5-16}$$

A：环度指数，$(L - V + 1)$廊道的实际环路数量，$(2V - 5)$景观中廊道最大可能的环路数量

A值的范围在 $0 \sim 1$ 之间，$A = 0$ 时表示廊道无环路，$A = 1$ 时表示廊道有最大可能的环路数。

根据景观生态学廊道的网络效应原理，连接度相同时，闭合结构的廊道系统生态效应较大。在城市绿地系统中，环度指数越大，说明城市带状公园和其他绿地廊道在整个城市绿地景观中形成的闭合结构越多，生态效应就越大。在城市规划和发展过程中，由于道路和建成区的分割，城市带状公园和其他绿地廊道在城市景观中的闭合度（环度）受到较大影响。

6 以北京市海淀区为例对城市带状公园及绿地系统结构分析评价

6.1 研究区概况

　　研究区位于北京市海淀区，北至北五环路，南至海淀区南端，以莲花池西路为界，西端以西四环和北坞村为界，东部以学院路为界(图6-1)。

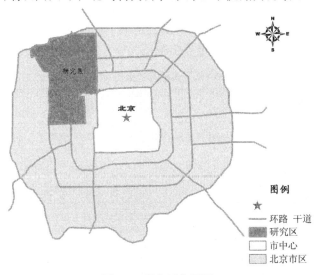

图6-1　研究区位置图

6.2 数据来源

　　本研究遥感数据采用美国 Digital Globe 公司的高分辨率 QuickBird 卫星的全色波段影像数据。影像的分辨率为 0.66m，成像幅宽为 16.5km × 16.5km，数据的成像时间是 2003 年 6 月 11 日上午 11 点 31 分。表6-1 是 QuickBird 卫星的主要具体参数。

表 6-1　数据获取的基本信息

卫星发射时间	2001 年 10 月 18 日
成像方式	推扫式成像
传感器	全色波段
图像分辨率	全色：61～72cm
波长	多光谱：244～288cm 450～900nm
星下点成像	沿轨/横轨迹方向(±25°)
立体成像	沿轨／横轨迹方向
辐照宽度	以星上点轨迹为中心，左右各272km
成像模式	单景 16.5km×16.5km
成像幅宽	16.5km×16.5km
轨道高度	450km
倾角	98°(太阳同步)
重访周期	1～6 天(70cm 分辨率，取决于纬度高低)

通过遥感图像几何校正、影像镶嵌和裁剪得到 2003 年北京海淀区遥感影像图(图 6-2)。

同时参考城市绿地分类标准的规定和国内常用的绿地系统利用现状分类的一级系统，根据具体情况确定遥感解译标志，结果见表 6-2。

表 6-2　遥感影响解译标志

类别名称	景观特征及解译标志
学校、机关单位绿地	一般分布于大型建筑物(如体育场、办公楼等)的周围，具有良好的形状，有层次感
街旁绿地	位于城市道路用地之外，相对独立成片，如广场绿地、小型沿街绿化用地等
居住绿地	位于宅旁，居民区道路两侧，面积较小，形状有带状、条状，原形状，一般按组团式分布
道路绿地	道路广场用地内的绿地，如行道树、分车绿带、交通岛绿地、交通广场和停车场绿地等
公园绿地	具有一定的游憩功能，一般内有大面积的水域，植被类型丰富，有亭台，道路等供人们休息的设施
带状公园	主要沿城市主次干道、旧城基、滨水等分布，有一定游憩设施，形状呈带状
生产绿地	形状整齐、规则，一般位于城区外，如苗圃、草圃、花圃等

根据解译标志在地理信息系统软件 ArcGIS9.0 中对遥感影像进行解译，得到海淀研究区绿地系统分类结果，如图 6-3。

图 6-2　2003 年海淀研究区遥感影像图

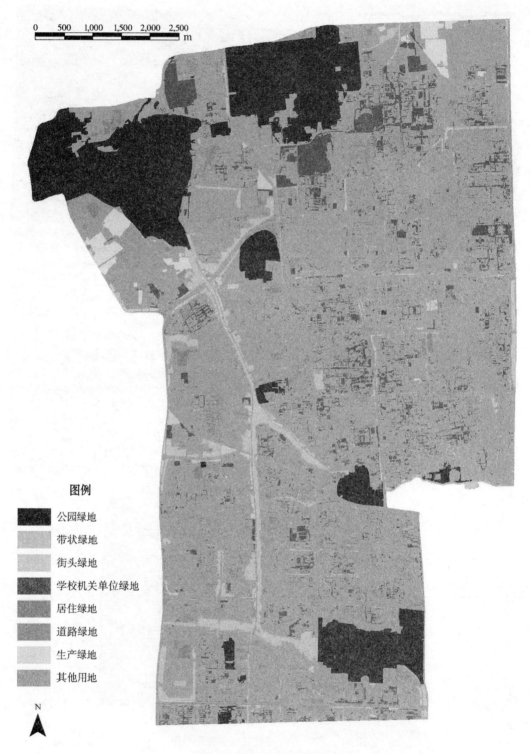

图例

公园绿地

带状绿地

街头绿地

学校机关单位绿地

居住绿地

道路绿地

生产绿地

其他用地

N

图6-3　研究区绿地类型图

6.3　结果与分析

6.3.1　绿地景观构成结果分析

6.3.1.1　绿地景观现状总体结果与分析

经统计分析，海淀研究区绿地景观现状构成如下：海淀研究区（8425.24hm²）范围内，绿地总面积为 2683.89hm²，其中学校、机关绿地 575.28hm²，占总绿地面积的 21.43%；街旁绿地 104.94hm²，占总绿地面积的 3.91%；居住绿地 294.3hm²，占总绿地面积的 10.97%；道路绿地 42.93hm²，占总绿地面积的 1.60%；公园绿地 1250.1hm²，占总绿地面积的 46.58%；带状绿地 323.28hm²，占总绿地面积的 12.05%；生产绿地 93.06hm²，占总绿地面积的 3.47%；绿地率为 31.86%。详见表 6-3。

表 6-3　研究区各绿地类型情况

序号	类型	面积(hm²)	面积百分比(%)
1	学校、机关绿地	575.28	21.43
2	街旁绿地	104.94	3.91
3	居住绿地	294.3	10.97
4	道路绿地	42.93	1.60
5	公园绿地	1250.1	46.58
6	带状公园绿地	323.28	12.05
7	生产绿地	93.06	3.47
合计		2683.89	100.00

本研究以海淀区南北贯穿道路为界，将其分为东西两部分进行研究，如图 6-4。同时依据建设部 2002 年颁发的绿地分类标准，结合本研究将 7 种绿地类型调整为公园绿地、带状公园绿地、附属绿地、生产绿地 4 类。其中，公园（公共）绿地包括：街头绿地和公园绿地，附属绿地包括学校机关绿地、居住绿地及道路绿地。具体分类见表 6-4。

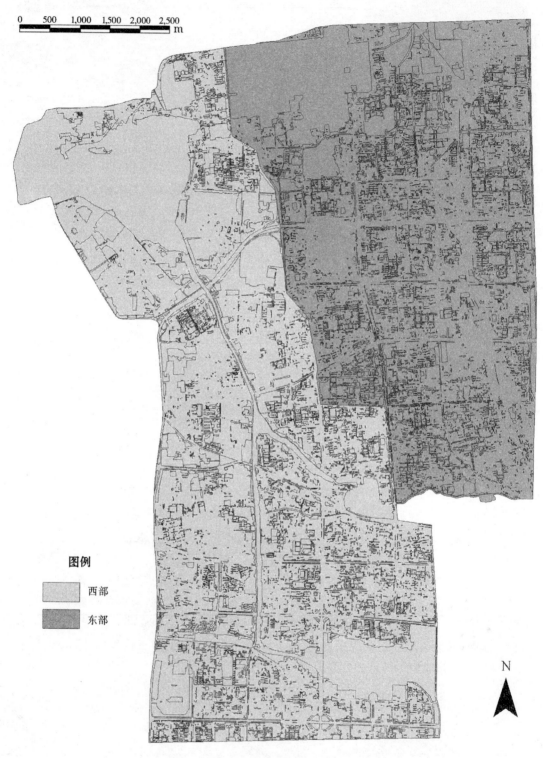

图例

西部

东部

N

图6-4　东西两区

表6-4　研究区各绿地类型情况

序号	类型	面积(hm²)	面积百分比(%)
1	公园绿地	1355.04	50.49
2	带状公园	323.28	12.05
3	附属绿地	912.51	34.00
4	生产绿地	93.06	3.47
合计		2683.89	100.00

6.3.1.2　绿地系统斑块分析

对海淀区东部、西部地区绿地斑块进行分析比较(图6-5),其中东部总面积为3576.25hm²,绿地面积为981.99hm²,绿地率为27.46%。西部总面积为4848.99hm²,绿地面积为1701.9hm²,绿地率为35.1%。

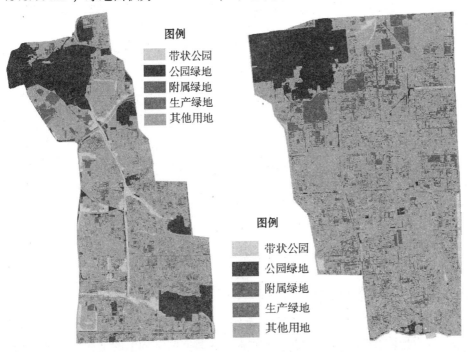

图6-5　西部、东部不同绿地类型斑块比较

从表6-5、图6-6中可知海淀东部地区附属绿地、公园绿地面积所占的比例较大,分别为485.82hm²、410.31hm²;西部地区是公园绿地占优势,为944.73hm²。从斑块总数来看,附属绿地景观类型的斑块占绝对优势(东部为1250个,西部为1121个)。主要原因是由于组成附属绿地的居住区和单位绿地被各单位和居住区的围墙和院落所分割,斑块小而分散;其次是公园绿地(东部210个,西部142个);其他两种绿地景观类型斑块数明显偏少。这是由于研究区的东部是北京市高校密集地区,同时中关村等高科技园区也位于

该地，促使该地区的附属绿地面积较多；而海淀西部地区公园面积较多，并且由于历史原因，此地区各类单位和居住区相对较少，公共绿地相对较多，整个绿地系统的整体性较强，相应的生态效应较大。

表6-5 研究区绿地类型面积对比分析

序号	类型	东部			西部		
		斑块个数	斑块面积（hm²）	面积百分比（%）	斑块个数	斑块面积（hm²）	面积百分比（%）
1	公园绿地	210	410.31	41.78	142	944.73	55.51
2	带状公园	45	48.69	4.96	38	274.59	16.13
3	附属绿地	1250	485.82	49.47	1121	426.69	25.07
4	生产绿地	7	37.17	3.79	10	55.89	3.28
合计		1512	981.99	100.00	1311	1701.9	100.00

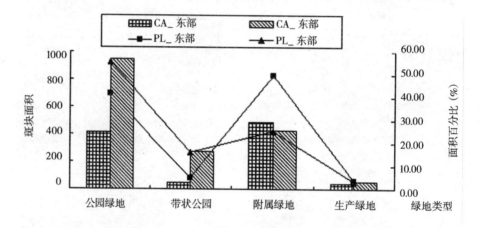

图6-6 东、西部绿地斑块面积对比分析

6.3.2 绿地景观异质性分析

6.3.2.1 绿地景观分维数和形状指数分析

景观异质性是景观尺度上景观要素组成和空间结构上的变异性和复杂性。城市绿地景观是由多个异质性绿地斑块组成的，应用相关公式和GIS统计计算模块，计算出研究区各类斑块形状指数和分维数（表6-6，图6-7、6-8）。

表6-6 海淀东、西部 *SHAPE_ AM* 和 *FRAC_ AM* 对比分析

序号	类型	东部		西部	
		形状指数	分维数	形状指数	分维数
1	公园绿地	3.4805	2.1632	3.4482	2.1284
2	带状公园	1.8618	1.1167	3.7494	2.3124

（续）

序号	类型	东部		西部	
		形状指数	分维数	形状指数	分维数
3	附属绿地	5.5759	3.2761	4.7685	3.2511
4	生产绿地	1.2363	1.0415	1.9313	1.7231

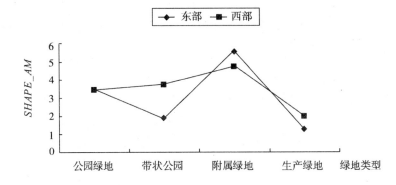

图6-7　东、西研究区同时期 *SHAPE_ AM* 比较

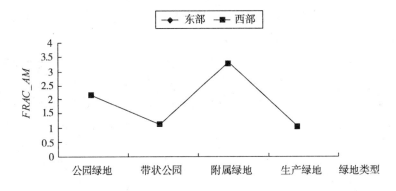

图6-8　东、西研究区同时期 *FRAC_ AM* 比较

海淀研究区各类绿地分维数（*FRAC_ AM*）普遍低，均小于3.5。这主要是受人为干扰影响大，使绿地斑块较规则，形状较为简单所致。其中生产绿地最低，仅为1.2和1.04，原因是这些绿地斑块受规则的建筑房屋和道路等的影响，大多为规则式，故分维数较低。

在4种绿地类型中，东部、西部研究区附属绿地形状指数（*SHAPE_ AM*）都较高，为5.58、4.47，说明这两类绿地具有相对复杂的边界，这与研究区学校、机关，居住区在该地有较大分布有关。而整个研究区带状公园绿地形状指数都较低，说明城区带状公园绿地所依附的地形和附属物是规则的地形和各类建造物（研究区带状公园多分布在道路、昆玉河引水渠两旁等规则地段上）。

6.3.2.2　绿地景观多样性结果与分析

景观多样性是指景观在结构、功能以及时间变化方面的多样性，它揭示了景观的复杂程度。本研究通过综合分析聚集度、景观多样性、均匀度和优势度指数全面反映研究区城市绿地景观多样性。研究区相关景观聚集度、多样性、均匀度和优势度等指数详见表 6-7 和图 6-9。

表 6-7　景观异质性指数表

海淀研究区	景观异质性指数			
	聚集度指数(*CONTAG*)	优势度指数(*D*)	多样性指数(*SHDI*)	均匀度指数(*SHEI*)
东部	60.7369	0.7128	1.1943	1.4029
西部	58.5849	0.4113	1.6589	2.4313

（1）绿地景观多样性指数。研究区东西两地区绿地景观多样性指数在 1.0 ~ 2.0 之内，说明城区内景观类型齐全。其中西部地区较高为 1.6589，说明该区景观类型齐全，4 种景观类型都有，其面积分布相对较均匀；东部地区景观类型多样性指数最低，为 1.1943，该区虽然景观类型都齐全（4 类）；但由于以附属绿地、公园绿地为代表的绿地类型占该地区景观面积的 91.25%，使得各类景观面积分布不均匀，导致绿地景观类型多样性指数偏低。

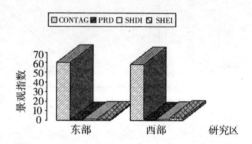

图 6-9　东、西同时期景观格局特征指数比较

（2）绿地景观优势度指数。海淀研究区东部、西部相比，东部地区优势度指数为 0.7128，西部地区为 0.4113，东部大于西部地区。说明该区绿地景观中不同程度受到某一种类型的绿地景观控制，且景观类型面积分布极不平衡。这是因为，在研究区东部城市绿地系统主要受附属绿地斑块的控制，其他绿地斑块类型作用较小。

（3）绿地景观均匀度指数。研究区东部绿地斑块的均匀度为 1.4029，西部地区斑块的均匀度 2.4313。这是由于海淀东部地区的附属绿地面积较大，且分布不均匀；而海淀西部地区各类单位和居住区相对较少，公共绿地相对较多，整个绿地系统的整体性较强，且分布较均匀。

（4）绿地景观的聚集度指数。研究区东西两地区绿地景观的聚集度指数分别为 60.7369 和 58.5849，东部地区的聚集度指数较大。这是因为东部地区绿地景观中存在许多单位和居住区围墙和院落分割成的绿地小斑块；而西部地区绿地景观中有连通度极高的公园绿地等优势斑块类型存在。

6.3.2.3　绿地景观破碎度结果与分析

景观破碎化实际上是生境破碎化的一个反映。对城市绿地景观而言，绿地景观破碎化程度的高低，一方面表示城市绿地对生物多样性的维持和贡献大小，一般情况下，斑块面积越大，生物多样性越高；景观破碎度越高，对生物多样性的保护越不利；另一方面，还表示了绿地景观功能的大小和复杂性，一般情况下，破碎化程度越高，表明景观功能越弱、越单一。因此，城市绿地景观破碎度指数是评价城市绿地质量的一个重要指标。

用于描述景观破碎度的指数较多，本次研究采用斑块密度与边缘密度（表6-8，图6-10）来定量描述海淀研究区绿地景观破碎化程度，以反映该区域绿地质量情况。

表6-8　海淀东、西部斑块密度和边缘密度对比分析

序号	类型	东部		西部	
		斑块密度（PD）	边缘密度（ED）	斑块密度（PD）	边缘密度（ED）
1	公园绿地	14.4604	3.7577	12.3392	6.7689
2	带状公园	3.8697	2.3829	2.6441	5.3235
3	附属绿地	114.156	10.5093	73.4473	8.4787
4	生产绿地	1.0183	0.3361	0.4113	0.8637

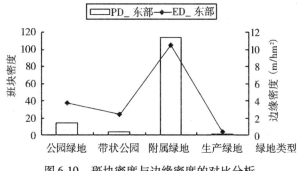

图6-10　斑块密度与边缘密度的对比分析

（1）东部、西部绿地景观破碎度分析。景观斑块密度是指景观中包括全部异质景观要素斑块的单位面积斑块数；景观边缘密度是指研究景观范围内单位面积上异质景观要素板块间的边缘长度。海淀研究区中，东部地区斑块密度指数较大，说明该区绿地景观较破碎，尤其是附属绿地斑块密度和边缘密度指数较大，分别为114个/hm^2和10.51 m/hm^2，说明该区学校、机关、居住区、道路分布分散且破碎，没有一定规模和面积，这与该地区地理位置有关，由于紧邻城区，城市化进程影响着该地区，导致学校、机关、居住区分布较广，进而带来的就是区域内绿地面积分布较多样化。

（2）各类绿地景观破碎度分析。在各类绿地类型中，东部、西部景观斑块密度和边缘密度都以附属绿地最高，其他依次是公园绿地、带状绿地和生产绿地。由此可以得出，以学校、机关和居住区等为主的附属绿地景观破碎度最大。这是因为整个研究区的建筑密度大，尤其是东部靠近城区，附属绿地被各单位和居住区的围墙和院落所分割，导致附属绿地斑块零星分散，破碎化程度高，绿化质量得不到提高。

带状公园绿地和公园绿地在图中也显示出较大的斑块密度，特别是东部

地区，说明在该研究区这两类绿地破碎化程度都较大，尤其是东部区带状公园绿地没有显示出应有的规模和面积，导致其生态环境功能效益较弱。

6.3.3 城市带状公园和绿地廊道结构分析

6.3.3.1 绿地廊道结构分析

绿地廊道应包括带状公园绿地、带状防护绿地、带状防护隔离带等绿地多种绿地廊道类型，本研究区仅包括带状公园绿地，根据相关公式和 GIS 统计分析模块，计算出研究区绿地廊道的长度、宽度、曲度、带斑比、连接度、环度等结构指标值（表6-9，图6-11）。

表6-9　研究区绿地廊道结构指数

研究区域	东部	西部
总长度(m)	20708.15	60502.07
平均长度(m)	690	840
平均宽度(m)	42	63
曲度	1.38	1.68
带斑比	0.0325	0.1138
环度	0.2338	0.4161
连通性指数	0.4793	0.7086

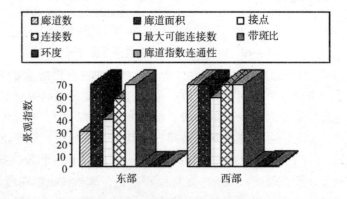

图6-11　廊道特征指数对比分析

研究区东、西部区域绿地廊道总长度为 20 708m 和 60 502m，平均每个绿地廊道的平均长度为690m 和 840m，宽度分别为 42m 和 63m，已符合带状廊道的一般标准。其中西部研究区的长度和宽度均高于东部研究区，原因是东部研究区单位和居住区较密集，用以建设绿地廊道的空间较小。

东、西部研究区绿地廊道的平均曲度为 1.38 和 1.68，绿地廊道有一定的弯曲度，且西部研究区的曲度大于东部研究区的曲度。这是因为在绿地廊道中弯曲路段或河道的带状绿地占有一定的比例而导致绿地廊道的平均曲度变大；西部研究区的绿地廊道中由于大型带状公园绿地弯曲段所占比例较大，所以导致该区域绿地廊道的曲度值较大。

东、西部研究区的带斑比分别为0.0325和0.1138，即研究区中的绿地廊道在景观中所占的比例为3.25%和11.38%。说明东部研究区域绿地廊道的比例偏小，相应的生态效应发挥受到限制，在今后的城市绿地系统规划建设中，应加大区域绿地廊道建设的力度。

东、西部研究区的连通性指数分别为0.4793和0.7086。R值范围在0~1之间，因此研究区绿地廊道的连通性指数较小，尤其是东部研究区域，廊道的连通性指数在0.5以下，说明该区域中绿地廊道彼此连接、关联分布的整体性较差，将限制该区域绿地廊道生态效应的发挥。

东、西部研究区的环度分别为0.2338和0.4161。A值的范围在0~1之间，研究区绿地廊道的环度很小，东、西部研究区域环度值均不足0.5，东部区域仅为0.2338。根据廊道的网络效应，相同连接度时，形成闭合（即环度值较大）的廊道结构整体性强、生态效应较大。因此研究区较差的绿地廊道环度现状，将制约研究区绿地廊道生态效应的发挥。

6.3.3.2　带状公园分析

在本项研究中绿地廊道包括带状公园绿地对城市绿地廊道及城市绿地系统综合生态效应的发挥起到十分关键的作用。

根据相关公式和GIS统计分析模块，计算出研究区带状公园的长度、宽度、曲度、带斑比、连接度、环度等结构指标值（表6-8）。

研究区海淀东、西部区域带状公园总长度为10877m和36892m，平均每个绿地廊道的平均长度为435m和683m，宽度分别为42m和63m，已符合带状廊道的一般标准。其中西部研究区的长度和宽度均高于东部研究区，原因是东部研究区单位、居住区和道路较密集，用以建设带状公园的空间较小；另一原因是研究区的带状公园比较集中地建设在西部研究区域的河流和引水渠的两旁，因此该区域相应的指数值较大。和上节分析的绿地廊道相比（参见表6-7、6-8），带状公园平均长度较短，平均宽度较宽。原因是研究区的带状公园主要沿河而建，但并不是沿河的带状绿地都建成了带状公园，一般是选择较宽的带状绿地地段建设而成，故带状公园的平均宽度值较大。

东、西部研究区带状公园的平均曲度为1.12和1.16，和上节分析的绿地廊道相比（参见表6-7、6-8），带状公园的曲度较小，且东、西部研究区域带状公园的曲度基本相同。这是因为研究区的带状公园是在沿河、沿引水渠（西部研究区）和道路（东部研究区）的较直、较规则的地段建设而成，带状公园的实际长度和直线长度差距较小。

东、西部研究区的带斑比分别为0.0134和0.0566，即研究区东、西部区域中带状公园在景观中所占的比例为1.34%和5.66%。说明研究区域带状公园在整个景观中的比例很小，尤其是东部研究区域，带状公园在景观中所占的比例仅为1.34%。由于城市带状公园既有显著的生态效应，又能为市民提供更多的休憩场所，具有一定的社会效应，在今后的研究区城市绿地系统规划建设中，除在适宜的地段增建带状公园外，可将一些具备条件的城市块状绿地加以连接改建成城市带状公园，发挥城市带状公园突出的生态、社会的综合效应。

东、西部研究区的连通性指数分别为 0.3615 和 0.5662。R 值的范围在 0~1 之间，因此研究区带状公园的连通性指数较小，尤其是东部研究区域，带状公园的连通性指数在 0.5 以下。说明该区域中带状公园彼此连接、关联分布的整体性较差。和上节分析的绿地廊道相比（参见表 6-7、6-8），带状公园连通性指数更小。原因是带状公园是绿地廊道的一部分，绿地廊道除其中的带状公园互相连接外，带状绿地等其他类型的绿地廊道也彼此相互连接，相应的连通性指数较大。

东、西部研究区的环度分别为 0.1105 和 0.2841。A 值的范围在 0~1 之间，研究区绿地廊道的环度极小，东、西部研究区域环度值均不足 0.3，东部区域仅为 0.1105。说明带状公园在研究区景观分布中很少形成网络状的闭合结构，和上节分析的绿地廊道相比（表 6-7、6-8），带状公园环度值更小，原因是研究区的带状公园沿河、沿引水渠（西部研究区）和道路（东部研究区）的较直、较规则的地段建设而成，很少形成闭合的网络结构，而主要呈条带状单独分布，将制约带状公园廊道生态效应的发挥。

表 6-10　研究区带状公园景观指数

研究区域	东部	西部
长度(m)	10876.79	36891.64
平均长度(m)	435	683
宽度(m)	42	63
曲度	1.12	1.16
带斑比	0.0134	0.0566
环度	0.1105	0.2841
连通性指数	0.3615	0.5662

6.3.4　城市带状公园在城市公园中的比例

东部、西部研究区城市公园面积分布极不均衡，西部地区为 1219.32hm²，远远大于东部地区的 274.59hm²。带状公园占城市公园的比例，西部地区为 22.52%，东部地区为 10.61%，研究区带状公园在城市公园总面积中所占比例仅为 19.26%，带状公园在整个城市绿地系统所占的比例较少，限制了带状公园生态效应和社会效应的发挥（表 6-11）。由于城市建设的快速发展，在研究区大面积建设公园绿地受到严格限制，因此，在城市景观中"见缝插针"，加强块状绿地的连接建设将对研究区生态效应和社会效应的改善和城市环境建设起到重要作用。

表 6-11 城市带状公园现状

研究区	带状公园面积（hm²）	公园总面积（hm²）	面积百分比（%）
东部	48.69	459.00	10.61
西部	274.59	1219.32	22.52
合计	323.28	1678.32	19.26

6.4 研究带状公园和绿地系统景观结构的综合评价

（1）在整个绿地系统中，绿地斑块数量虽然较多，但各类绿地斑块的分布极不平衡，绿地斑块的优势度指数较大，均匀度指数和景观多样性指数较低，绿地斑块破碎化程度较高。尤其在东部研究区，归属各单位和居住区的附属绿地占绝对优势。通过计算，研究区绿地斑块共 2823 个。其中附属绿地类型斑块数为 2371 个，占 83.99%，其他绿地类型斑块仅占 16.01%。并且附属绿地主要呈小面积零星分布，被各单位和居住区的围墙和院落所分割，绿地的自然性和整体性较差，不利于城市绿地系统整体生态效应的发挥。

（2）东、西部研究区的各类绿地包括带状公园的分维数（FRAC_AM）普遍较低，均小于 3.5。说明研究区绿地斑块形状规则，缺乏自然形状，人工痕迹较重，复杂性不够，原因是这些绿地斑块受规则的建筑房屋和道路等的影响，大多为规则式。

（3）研究区带状公园长度和宽度，符合带状廊道的一般标准。和绿地廊道相比，带状公园平均长度较短，平均宽度较宽。原因是研究区的带状公园主要沿河而建，水面统计在带状公园绿地中。

（4）研究区带状公园的平均曲度为 1.12 和 1.16，和绿地廊道相比，带状公园的曲度较小。这是因为研究区的带状公园是在沿河、沿路的较直、较规则的地段建设而成，带状公园的实际长度和直线长度差距较小。

（5）带状公园在城市公园中的比例不大，为 19.26%。其中东部地区为 10.61%，西部为 22.52%。东、西部研究区的带斑比分别为 0.0134 和 0.0566。研究区域带状公园在整个景观中的比例较小。建议在研究区绿地系统规划建设中，增建带状公园和将一些具备条件的城市块状绿地进一步加强它们的连通行。

（6）东、西部研究区的带斑比为 0.0134 和 0.0566 连通性指数分别为 0.3615 和 0.5662，环度分别为 0.1105 和 0.2841。研究区带状公园的连通性指数较小，该区域中带状公园彼此连接、关联分布的整体性较差；带状公园在研究区景观分布中很少形成网络状的闭合结构，多呈条带状单独分布，将制约带状公园廊道生态效应的发挥。

最后，对研究区带状公园绿地廊道的带斑比、连通性和环度指数得出如下结论：

根据景观生态学的相关研究和本研究区的实际情况，本研究区带斑比应在 0.06 ~ 0.07。根据实际情况，该研究区中有的主干道两侧绿地可以加宽加长并加强附属绿地斑块间的连通性，这样，研究区带斑比达到 0.06 ~ 0.07 是可以实现的。

根据景观生态学的相关研究和本研究区的实际情况，本研究区带状公园及其他绿地廊道的连通性指数可在 0.6 ~ 0.7，连通性指数 R 在 0 ~ 1。在城市建设用地中，因受到各种条件的限制，绿地连通性指数达到 1 即 100% 的连接较为困难，本次研究西部区已达到 0.5662。因此，在今后的绿地建设中，本研究区达到 0.6 ~ 0.7 是有可能的。要做到这一点，一方面要加强附属绿地斑块的连通性，即拆除围墙；另一方面适当增加道路两侧绿地。

根据景观生态学的相关研究和本研究区的实际情况，带状公园及其他绿地廊道的环度指数应在 0.5 左右。环度指数 A 在 0 ~ 1。本研究区西部环度指数已达到 0.2841，若对附属绿地加以连通，适当增加带状绿地，达到该指标是可行的。

7 实例分析:杭州市滨江区绿地系统规划中的城市带状公园绿地

7.1 背景介绍

　　滨江区是1996年杭州市行政区调整时设立的新区,由长河、西兴、浦沿三镇合并而成,历史久远,文化底蕴厚重,名胜古迹众多。李白、杜甫、陆游等文人墨客都曾到此吟诗填词。该区位于钱塘江下游南岸,通过钱塘江大桥、西兴大桥(钱江三桥)、复兴大桥(钱江四桥)与杭州主城相连,其西、北部为钱塘江,东、南部与萧山区相接,滨江区行政区域面积约73.3km²,杭州市政府在未来发展规划中把滨江区定位为高科技研发基地。

　　由于滨江区原属城郊,城市建设相对落后,基础设施缺乏,区内绿地系统很不完善,存在如下几点主要问题:

　　(1)全区绿地系统缺少系统和长远发展的规划,绿地系统建设仍在旧城镇改造的起步阶段,尚未形成统一和完整的绿地规划。

　　(2)全区大部分区域存在绿化盲区,公园绿地严重不足,尤其是城市带状公园严重不足,全区远未形成有效的公园绿地覆盖体系;景观结构上绿地斑块数量较少,且破碎度大,绿地生态效益欠佳,不能满足滨江区的各项功能要求,尤其不能适应作为高科技研发基地的要求。

　　(3)全区除部分主干道绿地和河道滨水绿地虽已初步建成外,其他各干道及支路的绿地建设仍未完善。由于城市带状公园绿地的缺少,城市绿地生态廊道没有形成,道路水网绿地的框架及轴线功能未能得以发挥。

　　(4)全区现有的部分绿地植物结构单一,生物多样性体现不足;园林植物品种欠缺,不能形成植物景观的区域性特征。

7.2 规划目标

　　按整体性原则的要求,以杭州市建设"风景秀丽、环境优美的国际风景旅游城市，现代化的园林城市"目标，将滨江区建设成具有良好环境与景观特色的现代化、花园式生态城区为宗旨，严格按照杭州市总体规划和滨江区总体规划整体性用地布局，以兴建城市带状公园绿地为龙头，努力将零星分散、独立的绿地斑块通过城市带状公园连接起来，形成纵横交错的城市绿地廊道和以网络格局布局的城市绿地结构体系，即构成整体网络格局，扩大城市绿地覆盖面。规划确定人均公园绿地面积：近期（2004～2010年）20m²/人；远期（2010～2020年）25m²/人。建成区绿地率：近期（2004～2010年）35%；远期（2010～2020年）40%。城市绿化覆盖率：近期（2004～2010年）40%以上；远期（2010～2020年）45%以上。

确定这样指标的主要依据是：

第一，符合国家标准和杭州市城市规划的基本要求。根据建设部《城市用地分类与规划建设用地标准》规定，城市建设用地结构要求，绿地应占城市建设用地的8%～15%，风景旅游城市和绿化条件好的城市可高于15%；滨江区绿地系统规划到2020年绿地占城市建设用地的40%，人均公园绿地为25m²/人；杭州市绿地系统规划要求新建城区绿地指标可以高一点。因此，本规划符合杭州市绿地系统规划的要求。据滨江区总体规划，到2020年，人均建设用地面积为131.24m²，在此前提下规划到2020年人均公园绿地为25m²/人，即城市建设用地的19.48%用于公园绿地的建设，可达到中等发达国家水平。

第二，滨江区的远期绿地规划面积之所以在国内城市中居于领先水平，高于杭州市远期绿地规划指标（杭州市绿地占城市建设用地38%），除了考虑到该区丰富的人文文化和旅游资源因素外，还考虑到作为杭州市的新区，其基本功能和长远目标是成为一个新兴的高科技开发产业基地必须具有良好的生态环境，才能够吸引人才，留住人才，适应他们的生活居住要求。

第三，从现代城市绿地发展史看，人口和土地面积是制约城市绿地面积大小的一个重要因素。一般而言，中国的基本国情是人多地少，杭州及周边区域人口密度较高，土地紧张；滨江区城市绿地与国外若干城市的现状比较，考虑到城市建设用地均衡发展，城市绿地所占比例也不可能再予以提高。所以在有限的规划土地里，采取以兴建城市带状公园绿地为龙头，努力将零星分散、独立的绿地斑块通过城市带状公园连接起来，提高城市生态效应，扩大城市绿地覆盖率。

综上所述，正是从滨江区的地位和性质考虑，从其发展前景以及城市用地规划控制考虑，确立的滨江区远期绿地规划思路和指标体现出既有一定的前瞻性，又具有很强的现实性。同时，规划以历史文化为依托，充分利用优越的地理区位、良好的自然条件和便利的交通条件，以兴建城市带状公园绿地为突破口，高水平、高标准规划各类绿地指标，保证城市绿地的规划、设计、建设与管理的长期性、有序性和系统性，为建设风景优美、适应高科技开发、居民生活的现代化城区而努力。

7.3 滨江区城市带状公园绿地规划的整体格局

利用自然地理条件和现存的绿地因势利导进行绿地规划是绿地规划中应遵行的一项基本原则，也是城市带状公园绿地规划不可违背的规律。鉴于滨江区山水围城、山环水绕的地理特征，城市带状公园的规划设计充分依托了区内依山、傍湖、靠江，河道众多的自然条件，发挥其"穿针引线"的功能，起到连通整个滨江区公园绿地系统，构建绿地生态网络格局作用(图7-1)。

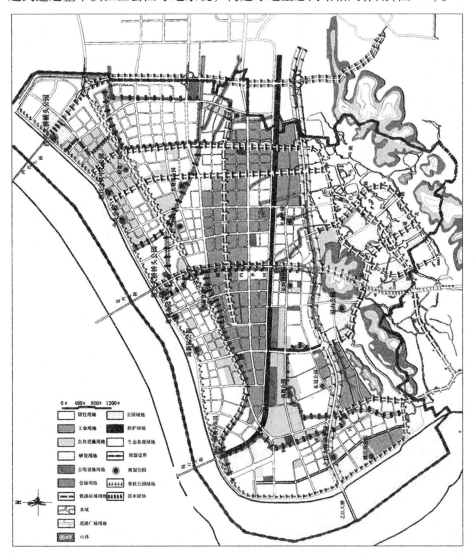

图7-1 杭州市滨江区绿地系统规划

7.4 滨江区公园绿地总体规划概况

在滨江区公园绿地总体规划中，规划设计市级公园 2 个，区级公园 7 个，居住区公园 9 个，规划设计建设带状公园绿地 16 个，总长度为 102.62km，面积 631.29 万 m²。公园服务半径定为市级公园 2000m，区级公园 1500m，居住区级公园 800m。规划位于居住区内的小区游园面积不小于 4000m²，服务半径 300~500m。因居住区未建或在建设中，具体位置不好确定。根据服务半径规划小区游园 24 个，每个面积按 0.6 万 m² 计算，总面积 14.4 万 m²。以上几种绿地综合形成整个滨江区城市公园绿地系统。

在树种选用上，滨江区城市带状公园绿地树种规划的基本原则是根据本区气候条件，符合地带性典型植被类型的分布规律，以中亚热带地带树种为主，适当引进外来树种，满足不同的城市绿化要求。同时充分考虑滨江区属于国家级高新技术产业开发区及其在大杭州规划中所处的地位和作用，生态功能与景观效果并重，形成区域特色。为此，绿化的种植配置要以乔木为主，全面合理的安排乔木、亚乔木、灌木、藤木及草坪地被植物。构成复层混交、相对稳定的人工植被群落。附滨江区城市绿地统计数据见表 7-1。

表 7-1　城市绿地统计表

序号	类别代码	类别名称	绿地面积（万 m²）		绿地率（%）（绿地占城市建设用地比例）		人均绿地面积（m²/人）		绿地占城市总体规划用地比例（%）	
			现状	规划	现状	规划	现状	规划	现状	规划
1	G_1	公园绿地	226.52	1022.85	7.71	19.48	19.54	25.57		
2	G_2	生产绿地	430.40	0	14.65	0	37.14	0		
3	G_3	防护绿地	136.00	175.26	4.63	3.34	11.73	4.38		
	小	计	792.92	1198.11	26.99	22.82	68.41	29.95		
4	G4	附属绿地	101.30	916.20	3.44	17.45	8.74	22.91		
	中	计	894.22	2114.31	30.44	40.27	77.15	52.86		
5	G5	其他绿地	609.90	712.35			52.62	17.81		
	合	计	1504.12	2826.66			129.78	70.66	23.76	44.65

备注：2001 年现状城市建设用地 2937.12 万 m²，现状人口以 2000 年 12 月普查人口 11.59 万人计；2020 年规划城市建设用地 5249.60 万 m²，规划人口 40.00 万人；城市总体规划用地按陆域面积 63.3km² 计算；公园绿地 1022.85 万 m² 不含小区游园面积；附属绿地 916.206 万 m² 含小区游园面积。

7.5 滨江区带状公园绿地规划

滨江区公园绿地总体规划中把带状公园绿地作为重中之重，目的是从景观结构上把规划前已有的其他形态的绿地及规划后新建设的其他形态的绿地连接起来，形成滨江城区纵横交错的生态廊道及生态网络。创造形成滨江区有特色的绿地系统，体现滨江区的城市自身风貌，形成有魅力的城市空间，并为居民提供游憩场所。

滨江区带状公园根据自然地理环境，规划为两大类，即道路带状公园绿地和滨水带状公园绿地。

7.5.1 道路带状公园绿地

道路带状公园绿地共 12 条，面积共计 474.36hm²，总长度 64.59km。规划的思路是尽可能地将沿途零星分散、独立的绿地斑块串联起来（表7-2）。

表7-2 道路带状公园规划统计表

编号	道路带状公园绿地	两侧绿带宽度(m)	长度(m)	面积(万 m²)
1	风情大道带状公园	各 50	6616	66.16
2	江南大道带状公园	复兴大桥以东各 25~30 西各 30	10233	56.20
3	浦沿路带状公园	各 20	1779	7.12
4	彩虹大道带状公园	各 50~60	9799	133.50
5	四季大道带状公园	各 50	6297	62.97
6	江陵路带状公园	各 20	5332	21.33
7	江晖路带状公园	各 20	4892	19.57
8	滨安路带状公园	各 20	5170	20.68
9	火炬大道带状公园	彩虹大道以南各 30	3555	21.33
10	长江路——山北路带状公园	彩虹大道以南各 30	4317	25.90
11	湘湖路带状公园	彩虹大道以南各 30	2000	12.00
12	白马湖路	彩虹大道以南各 30	4600	27.60
合　计			64590	474.36

7.5.1.1 四季大道带状公园绿地

四季大道带状公园绿地呈南北走向，是沿四季大道两侧规划的带状公园绿地。四季大道是滨江区的中轴线，杭州市的快速路，也是最重要的过境通道，全长 6297m，南以湘湖路为起点，穿过滨江区最大的公园冠山公园，再穿过居住区和高新技术产业区，北至闻涛路连接复兴大桥为终点。带状公园沿道路两侧规划绿地各宽 50m，将冠山公园及沿途大小绿地斑块串联起来，最终在北端连接复兴大桥桥头公园和高新公园形成的钱塘江生态带及块状绿地，规划主要以植物景观为主，体现该区域的景观特色。并有简单的游憩设施，建设完成后成为一条和四季河及四季河滨河绿带伴行纵贯南北的生态廊道。

7.5.1.2 江陵路带状公园绿地

江陵路南带状公园呈南北走向，是沿江陵路南两侧规划的带状公园绿地。江陵路为滨江区的主干道路，南以白马湖路为起点，沿途穿过居住区、高新技术园区、滨江区政府等公共建筑，北以闻涛路为终点，全长5332m。带状公园沿路两侧规划绿地各20m，沿途将白马湖风景区、北塘河公园、少儿公园、滨江公共中心公园等零星绿地斑块相串连，因江陵路大部分与建设河南段伴行，该带状公园可与滨河绿带结合建设，绿带规划主要以植物造景为主，建设完成后成为一条纵贯南北的生态廊道。

7.5.1.3 风情大道带状公园绿地

风情大道带状公园绿地呈南北走向，是沿风情大道两侧规划的带状公园绿地。风情大道位于滨江区的东界，为杭州市的快速路，全长6616m，南以滨康路为起点，沿途经过居住区，研究开发区，北部以闻涛路为终点。风情大道带状公园绿地串联的绿色斑块包括西兴大桥桥头公园、白马湖景区。整条绿带环绕城区外围，构成城区的东半环绿地。带状公园规划两侧各50m绿地，以植物造景为主，在沿途配有简单的游憩和体育锻炼设施。建设完成后成为一条纵贯南北城区外围的生态廊道。

7.5.1.4 浦沿路带状公园绿地

浦沿路带状公园绿地南北走向，是沿浦沿路两侧规划的带状公园绿地。浦沿路为城区主干道，全长1779m，南起滨江区南界，穿过滨江区西部的居住区和工业区，北至彩虹大道为终点。带状公园绿地沿途串联南部的鸡鸣山生态景观绿地、回龙山生态景观绿地，最终与彩虹大道带状公园连接。规划道路两侧绿带各20m，绿地以植物景观为主，兼顾防护功能。由于浦沿路大部分路段与新浦河伴行，可与滨河15m绿带结合建设。建设完成后成为一条纵贯南北环绕的生态廊道。

7.5.1.5 江晖路带状公园绿地

江晖路带状公园绿地南北走向，是沿江晖路两侧规划的带状公园绿地。江晖路为城区的次干道，全长4892m，南起白马湖路，向北穿过公建、居住区、研发区，北至钱塘江岸为终点。两侧带状公园绿地南部与白马湖景区衔接，向北连接了少儿公园和公共中心公园、北塘河公园等绿色斑块。两侧绿化带宽20m，规划绿地以植物景观为主。建设完成后成为一条纵贯南北环绕的生态廊道。

7.5.1.6 江南大道带状公园绿地

江南大道带状公园绿地东西走向，是沿江南大道两侧规划的带状公园绿地。江南大道全长 10 233m，为通往萧山国际机场的过境快速路，东起风情大道，穿过两侧的居住区、研发区和公共建筑，西至钱塘江大桥为终点。两侧带状公园绿地连接府前广场和高新公园绿色斑块，部分与永久河滨河绿地结合，西部终点与钱江一桥桥头公园融汇，现状绿化效果较好。江南大道两侧公园绿带宽度各 25～30m。构成北部地区一条亮丽的风景线和生态廊道。

7.5.1.7　彩虹大道带状公园绿地

彩虹大道带状公园东西走向，是沿彩虹大道两侧规划的带状公园绿地。彩虹大道全长 9799m，为拟建的过境快速路，东邻萧山区，道路穿过居住区、研发区、公共建筑用地，西以钱塘江之江大桥为终点。两侧带状公园绿地自东部的之江大桥桥头公园开始，依次穿过冠山公园，江陵路带状公园、闻涛路带状公园，与它们构成绿网。规划道路两侧绿带宽度各为 50～60m。绿地以植物景观为主，建成后将成为滨江区南部的一条风景线和生态廊道。

7.5.1.8　滨安路带状公园绿地

滨安路带状公园绿地东西走向，是沿滨安路两侧规划的带状公园绿地。滨安路全长 5170m，为城区快速路。东起西兴路，穿过高新开发区和居住区，西至信诚路。两侧带状公园绿地东端与西兴公园绿地斑块相连，向西连接了四季大道绿地、江晖路绿地和江陵路绿地，构成中部地区绿色网络。规划道路两侧绿地各宽 20m，绿地以植物景观为主，建成后将成为一条东西走向的生态廊道。

7.5.1.9　火炬大道带状公园绿地

火炬大道带状公园绿地东南走向，是沿火炬大道两侧规划的带状公园绿地。火炬大道全长 3555m，为城区的次干道，位于彩虹大道以南，以彩虹大道为起点，终点到长江路。火炬大道带状公园绿地将冠山公园、鸡鸣山景观生态绿地、白马湖风景区串连起来，规划道路两侧绿地各 30m，绿地以生态景观林带为主。建成后将成为一条东南走向的生态廊道。

7.5.1.10　长江路——山北路带状公园绿地

长江路——带状公园绿地南北走向，是沿长江路——山北路两侧规划的带状公园绿地。长江路——山北路全长 4317m，南起滨江区南界，经过研发区，北至彩虹大道，是通向白马湖景区主要通道。长江路——山北路两侧带状公园绿地以生态景观林带为主，规划绿带宽度为道路两侧各 30m。建成后将成为一条南北走向的生态廊道。

7.5.1.11　白马湖带状公园绿地

白马湖路带状公园绿地南北走向，是白马湖路两侧规划的带状公园绿地。白马湖路全长 4317m，南起湘湖路，通过居住区和研发用地，北至彩虹大道，是通向白马湖景区的主要通道。白马湖路两侧各 30m 的带状公园绿地将白马湖风景和冠山公园贯穿起来，规划以生态景观林带为主，配有若干小型游憩设施，建成后将成为一条南北走向的生态廊道。

7.5.1.12 湘湖路带状公园绿地

湘湖路带状公园绿地东西走向，湘湖路全长2000m，东起长江路，西至白马湖路，湘湖路带状公园绿地在湘湖路道路两侧各为30m绿地，以生态景观林带为主。与白马湖带状公园绿地、长江路——山北路带状公园绿地、火炬大道带状公园绿地构成了南部地区的绿色网络，

7.5.2 滨水带状公园绿地

规划的滨江区滨水带状公园绿地带状共4条(表7-3)，面积156.93hm²，总长38.03km。规划总体思路是尽可能地将滨水地带零星分散、独立的绿地斑块串联起来。与道路带状公园绿地相呼应，努力构建设滨江区城市绿色网络。

表7-3　滨水带状公园规划统计表

编号	滨水带状公园绿地	两侧绿带宽度(m)	长度(m)	面积(万 m²)
1	钱塘江滨水(闻涛路)	一侧30~70	16 000	72.00
2	新浦河绿带	各15	5 200	15.60
3	建设河——新建设河绿带	各10~30	9 767	26.95
4	北塘河绿带	各30	7 063	42.38
合　计			38 030	156.93

7.5.2.1 钱塘江滨水(闻涛路)带状公园绿地

钱塘江滨水(闻涛路)带状公园绿地环绕滨江区西北部，与闻涛路伴行，紧依钱塘江，全长16km，绿地宽30~70m。串联了浦沿西公园、钱塘江大桥桥头公园、高新区公园、省属公园、复兴大桥桥头公园、少儿公园、滨江公共中心公园、西兴大桥桥头公园绿地。钱塘江滨水(闻涛路)带状公园绿地以景观生态林带为主，体现滨江区地方特色，形成滨江区的重要滨水风光带。

7.5.1.2 北塘河带状公园绿地

北塘河带状公园绿地呈东西走向，西部部分又分为二叉，全长7 063m，西起复兴大桥，东到兴浦河，北塘河滨河绿带向东延伸进入萧山区，是滨江区与萧山区联系的重要绿廊，也是杭州市级滨水绿廊的一部分，该绿地串联了复兴大桥桥头公园、江二公园、北塘河公园绿地斑块，并与江南大道、江晖路、江陵路带状公园绿地交错穿过，北塘河带状公园绿地规划两侧绿带宽度各30m。两侧多为居住区，为居民提供游憩景观绿地。

7.5.1.3 建设河与新建设河带状公园绿地

建设河与新建设河带状公园绿地全长9 767m，两侧宽度10~30m。北起钱塘江，江南大道以北，呈"之"字形，江南大道以南呈"U"形，建设河与新

建设河带状公园绿地与其他带状公园构成环网状绿色结构，为居民提供游憩场所和景观绿地。

7.5.1.4　新浦河带状公园绿地

新浦河带状公园绿地全长5 200m，两侧绿地宽度为15m。北起钱塘江大桥，南至闻涛路，呈枝杈状分布将钱塘江一桥桥头公园和高教公园绿地斑块相连，并与其他道路带状公园绿地构成网络结构，因其主要经过区域为高教区和居民区，绿地规划着重体现绿色文化教育。

7.5.3　小结

以上规划设计建设带状公园绿地16个，总长度为102.62km，面积631.29万 m^2。在整个滨江区规划的1 022.85万 m^2 公园绿地中，带状公园绿地占60.86%。这些城市带状公园绿地纵横交错于城区之中，把依托主要道路与滨河绿带的街旁小块绿地及块状公园连接起来。形成一种串珠式结构，此外，由于除城市带状公园绿地外，滨江区带状型绿地还有防护绿地，包括高压走廊下防护绿地、铁路两侧防护绿地、居住区和工业区之间的卫生防护绿地。这些绿地规划两侧宽度为20～50m，长度19.96km。面积为175.26万 m^2。

这样滨江区10m宽以上带状绿地（带状公园绿地和防护绿地）共计806.55万 m^2，总长度122.58km，占城市建设用地的15.4%。占城市建设用地内绿地的38.1%。

本规划通过纵向的如新浦河绿色廊道、火炬大道绿色廊道、四季大道绿色廊道、江陵路绿色廊道、江晖路绿色廊道、风情大道绿色廊道，将城南的其他绿地（生态景观绿地）如白马湖、狮子山、美女峰、回龙山等和北部的钱塘江有机的联系起来，特别是将城区内各类块状绿地（斑块）串连起来，充分发挥滨江区山水一体的自然特色，充分保护和利用滨江区的自然山体、河流水系及自然景观，一方面为街景起到了装饰美化作用，另一方面为市民提供了游憩活动空间。同时由于城市带状公园绿地比较宽，相互连接成网络状格局，可以为其边缘物种和内部的物种提供迁移通道和栖息地，特别是为动物的迁移、觅食、躲避危险提供可选择的通道，使中心城区的各级公园自然形成了生物栖息地，这样有利于城外自然环境中的野生动植物通过带状公园向城区迁移，丰富城区植物物种的多样性。同时也将新鲜空气源源不断的送入城区，起到城市绿色廊道的作用，培育和发展了较好的滨江生态系统。建立和形成了完整的、功能齐全的城市绿地系统和构筑城乡一体化格局的绿化大环境。

参考文献

包志毅,陈波. 城市绿地系统建设与城市减灾防灾. 自然灾害学报,2004(2)72~74

曹康,林雨庄,焦自美. 奥姆斯特德的规划理念——对公园设计和风景园林规划的超越. 中国园林,2005(8):37~42

曹林娣著. 2005. 中国园林文化. 北京:中国建筑工业出版社

车生泉. 城市绿地景观结构分析与生态规划——以上海市为例. 南京:东南大学出版社,2003

车生泉. 城市绿色廊道研究. 城市生态研究,2001(11):44~48

陈纪凯著. 适应性城市设计——一种实效的城市设计理论及应用. 北京:中国建筑工业出版社,2004

陈孟东. 滨海城市滨水地区城市设计若干问题研究. 清华大学建筑学院博士论文,2006:26~29

陈为邦. 世纪之交对我国城市规划的几点思考. 城市规划,2001(25):25~27

陈战修,梁伊任. 谈我国现代园林中材料的运用与发展. 中国园林,2004(1)33~34

成砚著. 读城——艺术经验与城市空间. 北京:中国建筑工业出版社,2004

仇保兴. 从法的原则来看《城市规划法》的缺陷. 城市规划,2002(4)7~9

达良俊,杨永川,陈鸣. 生态型绿化法在上海近自然群落建设中的应用. 中国园林,2004(3):38~40

达良俊,陈克霞,辛雅芬. 上海城市森林生态廊道的规模. 东北林业大学学报,2007(7):16~18

方可,章岩. 从平安大街改造工程看北京旧城保护与发展中的几个突出问题. 城市问题研究,1998(5):27~29

傅博杰等. 景观生态学原理及应用. 北京:科学出版社,2001:42~43

高素萍,陈其兵,谢玉常. 成都中心城区绿地系统景观格局现状分析. 中国园林,2005(7):49~51

顾朝林,甄峰,张京祥著. 集聚与扩散——城市空间建构新论. 南京:东南大学出版社,2000:19~20

关君蔚. 防护林体系建设工程和中国绿色革命. 防护林科技,1998(4):6~9

郭晋平. 景观生态学的学科整合与中国景观生态学展望. 地理科学,2003(6)27~29

郭晋平著. 森林景观生态研究. 北京:北京大学出版社,2001:35~36

韩西丽,俞孔坚. 伦敦城市开放空间规划中的绿色通道网络思想. 新建筑,2004(5)30~33

[德]汉斯·于尔根·尤尔斯,[英]约翰·B·戈达德,[德]霍斯特·麦待查瑞斯著;张秋舫等译. 大城市的未来. 北京:北京对外贸易教育出版社,1991:25~26

郝娟著. 西欧城市规划理论与实践. 天津:天津大学出版社,1997:31~32

河川治理中心编,刘云俊译. 滨水景观设计丛书·护岸设计. 北京:中国建筑工业出版社,2004:17~18

洪金祥. 城市园林绿化与抗震防灾——唐山市震后绿地作用与建设的思考. 中国园林,1999(3)15~17

黄序. 法国城市化与城乡一体化及启迪. 城市问题,1997(5):16~18

侯碧清．3S 技术在株洲园林绿地系统规划中的应用研究．中国园林，2004(5)：61～62

霍华德·艾比尼泽著．金经元译．明日的田园城市．北京：商务印书馆，2000：34～35

贾俊，高晶．英国绿带政策的起源、发展和挑战．中国园林，2005(3)69～72

金广君编著．国外现代城市设计精选．哈尔滨：黑龙江科学技术出版社，1995：35～36

金磊．中国城市减灾与可持续发展战略．南宁：广西科学技术出版社，2000：28～29

荆其敏，张丽安编著．生态的城市与建筑．北京：中国建筑工业出版社，2005：12～13

孔繁德，张明顺等．城市生态环境建设与保护规划．北京：中国环境科学出版社，2001(3)：
17～18

李迪华，岳胜阳．不要给历史留下遗憾：谈北京五环路建设对环境的影响．北京规划建设，
2002(2)：21～22

李金路，张丽平．城市中以人为本的交通．中国园林，2003(2)：26～28

李敏．论城市绿地系统规划理论与方法的与时俱进．中国园林，2000(5)11～13

李敏著．城市绿地系统与人居环境规划．北京：中国建筑工业出版社，1999：35～36

李团胜．景观生态学中的文化研究．生态学杂志，1997(16)2：78～80

李战修．菖蒲如画，古韵新风；菖蒲河公园景观园林设计．中国园林，2003(1)：25～27

李延明．城市绿地对北京城市的热岛效应的缓解作用，北京奥运和城市园林绿化建设，北京
科技交流学术月，北京市园林局，2002：78～84

李晓文等．景观生态学与生物多样性保护．生态学报，1999(19)3：399～407

理查德·马歇尔著．沙永杰译．美国城市设计案例．北京：中国建筑工业出版社，2004(2)
43～44

郦芷若等译．世界公园．北京：中国科学技术出版社，1992(5)：102～103

梁雪，肖连望编著．城市空间设计．天津：天津大学出版社，2000：68～69

刘宁，吴左宾．城市道路绿地设计．西安：西安建筑科技大学学报，2000(3)252～255

刘滨谊．国内外景观规划设计热点纵横——理论、技术、创新．国外城市规划，1999
(2)：51～53

刘滨谊，鲍鲁泉，裘江．城市街头绿地的新发展及规划设计对策以安庆市纱帽公园规划设
计．规划师，2001(1)：76～79

刘滨谊，姜允芳．论中国城市绿地系统规划的误区与对策．城市规划，2002(2)：33～35

刘滨谊，余畅．美国绿道网络规划的发展．中国园林，2001(6)：77～81

刘滨谊著．现代景观规划设计．北京：东南大学出版社，1999：36～39

刘长乐，牛家庆．论道路绿化·城市大园林论文集．北京：北京出版社，2002：169～176

刘东云，周波．景观规划的杰作——从"翡翠项圈"到英格兰地区的绿色通道规划．中国园
林，2001(3)：59～61

刘骏，蒲蔚然．城市绿地分类标准(CJJ/T85－2002)的几点意见．中国园林，2003：70～71

麦克·哈格著．芮经纬译．设计结合自然．北京：中国建筑工业出版社，1992：72～74

孟兆祯．城市化进程中的风景园林．中国园林，1998(3)：56～58

彭一刚著．中国古典园林分析．北京：中国建筑工业出版社，1986：7

齐康主编．城市环境规划设计与方法．北京：中国建筑工业出版社，1997：13～14

千茜，王涛．佛山市南海中心区带状公园廊道中轴线景观设计．中国园林，2003(6)：18～19

任晋锋．美国城市公园和开放空间发展策略及其对我国的借鉴．中国园林，2003(11)：45～46

茹葳．浅谈中小城市绿地系统规划．中国园林,1998(4):56~58

沈涓基编著．城市生态与城市环境．上海:同济大学出版社,1998:17~18

沈玉麟著．外国城市建设．北京:中国建筑工业出版社,1989:27~29

束晨阳．城市河道景观设计模式探析．中国园林,1999,15(61):8~11

檀馨．元土城遗址公园的设计．中国园林,2003(11)16~18

汪阳．对我国城市园林绿地系统规划专业技术现状的分析与思考．中国园林,1997(6):69~67

汪愚,洪家宜．当代世界三大防护林工程简介．国外林业,1990(1)56~58

汪原平．韩国高速公路造景的历史变迁．北京园林,2004:17~18

王浩主编．城市生态园与绿地系统规划．北京:中国林业出版社,2003:32~34

王建国著．城市设计(第二版).南京:东南大学出版社,2004:1581~160

王磐岩．我国城市园林绿化,"十一五"及2020远景规划．风景园林,2005(2):58~65

王绍增．城市开敞空间规划的生态机理研究．中国园林,2001年,(4)(5)

王薇,李传奇．河流廊道与生态修复．水利水电技术,2003(9):56~68

王向荣,林箐．西方现代景观设计的理论与实践．北京:中国建筑工业出版社,2002:261~262

王向荣．林箐．现代景观的价值取向．中国园林,2003(1):4~6

王晓俊编著．西方现代园林设计．南京:东南大学出版社,2000:60~61

王全．基于GIS的城市景观分析与规划．中国园林,2004(11)28~29

温全平．城市河流生态堤岸设计模式探析．中国园林,2004(10):19~20

邬健国．景观生态学．高等教育出版社,2000:31~32

吴必虎等．公共游憩空间分类与属性研究．中国园林,2003(5):48~50

吴承照著．现代城市游憩规划设计理论与方法．北京:中国建筑工业出版社,1999;18~19

吴家骅著．叶南译．景观形态学．北京:中国建筑工业出版社,1999:73~74

吴弋．现代城市绿地系统规划特点——以宜兴市宜城城区绿地系．中国园林,2000(3):16

夏成钢．赵新路．续写北京中轴之壮丽之美——北京南中轴路绿地景观设计思路．中国园
　　林(5):5~6

肖笃宁,李秀珍．当代景观生态学的进展和展望．地理科学,1997,17(4)356~364

肖化顺．城市生态廊道及其规划设计的理论探讨．中南林业调查规划,2005,24(2):58~59

熊广忠著．城市道路美学——城市道路景观与环境设计．北京:中国建筑工业出版社,
　　1990:37~39

徐波．关于"公共绿地"与"公园"的讨论．中国园林,2001(2)32~34

徐波．谈城市绿地系统规划的基本定位．规划研究,2002(11):17~21

徐波．城市绿地系统规划中市域问题的探讨．中国园林,2005(3):65~66

徐化成．景观生态学．北京:中国林业出版社,1995:23~24

徐文辉,范义荣,王欣．"绿道"理念的设计探索——以诸暨市入口段绿化景观规划设计为
　　例.中国园林,2004(8):49~50

许浩编著．城市景观规划设计理论与计法．北京:中国建筑工业出版社,2006;79~82

许艳玲,王汉祥．何经．中日滨水景观设计的比较．武汉大学学报(工学版),2003(32)6:
　　127~131

杨赉丽主编．城市园林绿地系统规划．北京:中国林业出版社,2000:117~120

杨乃济．恢复什刹海地区"湿地加诗地"的景观生态．景观,2004(1)34~36

于杰,于光度著.金中都.北京:北京出版社,1989

俞孔坚,李迪华等.城市生态基础设施建设的十大景观战略.规划师,2001,17(6):9~17

俞孔坚,叶正,李迪华等.论城市景观过程与格局的连续性.城市规划,1998(4)

俞孔坚著.城市景观之路——与市长们交流.北京:中国建筑工业出版社.2003:172~173

俞孔坚等.快速化城市化地区遗产廊道适宜性分析方法探讨——以台州市为例.地理研究,2005(1):69~75

约翰·麦克里兰著.彭淮栋译.西方政治思想史.海口:海南出版社,2003:129

张国强,贾建中主编.风景园林设计——中国风景园林设计作品集萃.北京:中国建筑工业出版社,2003:120~123

张惠远,倪晋仁.城市景观生态调控的空间途径探讨.城市规划,2001(7)

张俊玲,李大力.遵从自然的城市滨水绿地空间设计.东北林业大学学报,2004,32(2)

张庆费,杨文悦,乔平.国际大都市城市绿化特征分析.中国园林,2004(7)

张庆费.城市绿色网络及其构建框架.城市规划汇刊,2002(1)75~78

张庆费.轮动绿地发展特征分析.中国园林,2003(10):55~57

张庭伟.滨水地区的规划和开发.城市规划,1998(2)

张伟.名词审定工作的几点体会.科技术语研究 2005(3):22

张祖群等.封闭性廊道游憩空间重建研究—以荆州古城为例.中国园林,2003(11):66~67

中国城市规划学会,中国建筑工业出版社编.滨水景观.北京:中国建筑工业出版社,2000

周华锋,傅伯杰.景观生态结构与生物多样性保护.地理科学,1998(18)5:472~477

周维权著.中国古典园林史.北京:清华大学出版社出版,第二版,1999

宗跃光.城市景观生态规划中的廊道效应研究——以北京市区为例.生态学报,1999,(2):145~150

宗跃光编著.城市景观规划的理论和方法.北京:中国科学技术出版社,1993:43~45

[丹麦]扬·盖尔著,何人可译.交往与空间(第4版).北京:中国建筑工业城版社,2002

[德]赖纳·施密特著,朱强,黄丽玲译.21世纪城市设计和开放空间规划中的浪漫主义精神.中国园林,2004(8)21~24

[韩]朴景子,吴辉泳土编.李华译.韩国现代城市景观设计.北京:中国建筑工业出版社,2004

[美]凯文·林奇著,林庆怡,陈朝阳,邓华译.城市形态.北京:华夏出版社,2001

[美]J.O·西蒙兹著,程里尧译.北京:中国建筑工业出版社,1990

[美]阿尔伯特·J·拉特利奇著,王求是等译.大众行为与公园设计.北京:中国建筑工业出版社,1990

[美]查尔斯·A·伯恩鲍姆,罗宾·卡尔森编著,孟雅凡,俞孔坚译.美国景观设计的先驱.北京:中国建筑工业出版社,2003

[美]弗雷德里克·斯坦纳著,周年兴、李晓凌、俞孔坚译.生命的景观——景观规划的生态学途径(第二版).北京:中国建筑工业出版社,2004

[美]卡尔·斯坦尼兹文,黄国平译.论生态规划原则的教育.中国园林,2003(1):13~15

[美]凯文·林奇著,方益萍,何晓军译.城市意向.北京:华夏出版社,2001

[美]凯文·林奇著,黄富厢,朱琪,吴小亚译.国外建筑理论译丛·总体设计.北京:中国建筑工业出版社,1999

[美]克莱尔·库珀·马库斯,卡罗琳·弗朗西斯,俞孔坚,孙鹏,王志芳译. 人性场所——城市开放空间设计导则(第二版). 北京:中国建筑工业出版社,2001

[美]朱利叶斯·G·法布士,帝·S·兰莘,付晓渝,刘晓明编译. 美国马萨诸塞大学风风景园林及绿脉规划的成就(1970～). 中国园林,2005(6):1～8

[美]J.O·西蒙兹著,刘晓明,赵彩君,孙晓春译. 21世纪园林城市——创造宜居的城市环境. 沈阳:辽宁科学技术出版社,2005

[日]土木学会编. 章俊华,陆伟,雷芸译. 道路景观设计. 北京:中国建筑工业出版社,2003

[日]村幸夫,历史街区研究会编著. 张松,蔡敦达译. 城市风景规划——欧美景观控制方法与务实. 上海:上海科学技术出版社,2005

[英]G·卡伦著. 刘杰,周湘津等编译. 城市景观艺术. 天津:天津大学出版社,1992

Annaliese Bischoff, Greenways as vehicles for expression, Landscape and Urban Planning, 1995 (33), 317～325

Ahern, J., greenways as a planning strategy. Landscape and urban planning. 1995(33):131～155

Budd, W. W., Cohen, P. L., Saunders, P. R. and Steiner, F. R. Stream corridor management in the Pacific Northwest: determination of sream—corridor widths. environ. Mange. 1987:587～597

Charles E. Beveridge, Paul Rocheleau, Frederick Law Olmasted Design the American Landscape, St Martins Pr., 1998:78

Cook, E. A. Urbna landscape networks: an ecological planning framework. Landscape Tes, 1991,16 (3)

Dave Dawson, Green corridors in London, London Ecology Unit, London, 1991:54～59

David Toft, Green belt and the Urban fringe. Built Environment, 1996. 21 (1)

Elizabethbarlow Rogers. Landscape Design, Acultural and Architectural History. New York: harry N. Abrams, Incorporated, New York, 2001:72～73

Forman and Gordron. Landscape Ecology. New York: Wiley, 1986:12～14

Frederick Steiner. The Living Landscape, An Ecological Approach to Landscape Planning, McGraw Hill College Div, 1999:62

Groom. D., green corrdors; a discussion of a plinning concept. Landscape and urban planning. 2000 (19):383～387

Hof J, Flather C. Optimization oflandscape pattern. In: Wu J and Hobbs R, editors. Key topics and perspectives in landscape ecology. Cambridge University Press, Cambridge. 2004

J. Rescia, etc. Ascribing plant diversity values to historical changes in landscape: a methodological approach. Landscape and Urban Planning, 1995 (31):

J. Solon. Anthropogenic disturbance and vegetation diversity in agricultural landscapes. Landscape and Urban Planning, 1995 (31):181～194

J. Dawson K. A comprehensive conservation strategy for georgia's greenways landscape and urban planning, 1995 (33)

konijnendijk, c. c., 2000, Adapting forestry to urban demands ~ role of communication in urban forestry in Europe, landscapeand managing urban planning 52(2000):89～100

Little, C. E., Greenways for America. Johns Hopkins University Press, Baltimore, MD, 1990:237

Lusk, Anne Christine. ; Guidelines for greenways: Determining the distance to, features of, and human needs met by destinations on multi – use corridors. Ph. D. University of Michigan. 2002:52 ~ 53

Lyle J, Quinn R D. Ecologicalcorridor inurban southern california. in : wildlifeconservation in metropolitan environments[M]. Ed. by L. W. Adams and D. L. Leedy, columbia, national institute for Urban Wildlife, 1991:105 ~ 116.

M. Searns R, Theevolution of greenways as an adaptive urban landscape form. Landscape and urban planning, 1995 (33):72

Mary Corbin Sies, Christopher Silver. Planning the Twentieth Century American City. Marrland. Johns Hopkins University Press, 1996:35 ~ 36

Merit Mikk, Ulo Mander. Species diversity of forest islands in agricultural landscapes of southern Finland, Estonia and Lithuania. Landscape and urban planning, 1995 (31):27

Merriam, G. and Lanoue, A. Corridors use by small mammals : field measurement for three experimental types of Peromyscus Leucopus. Landscape Ecology, 1990 (4):52

Newburn, David Allen. ; Spatial economic models of land use change and conservation targeting strategies. Ph. D. University of California, Berkeley. 2002:31 ~ 32

Nicholls, Sarah. ; Does open space pay? Measuring the impacts of green spaces on property values and the property tax base. Ph. D Texas A&M University. 2002:24 ~ 25

Naveh Z. What is holistic landscape ecology? Aconceptual introduction. Landscape and Urban Planning, 2000, 50:7 ~ 26.

Oetter, Doug R, Land cover change along the Willamette River, Oregon. Ph. D. Oregon State University. 2003:91 ~ 92

Pace, F. , The Klamath Corridors : preserving biodiversity in the Klamath National Forest . In : W. E. Hudson, Landscape Linkages and Biodiversity . Island Press, Washington, DC, 1991:20 ~ 21

pirnat, R. , conservation and management of forest patches and corridors insuburban landscapes, landscape and urban planning 52 (2000):135 ~ 143

Richard T. T. Forman, Michel Godron. Landscape Ecology. New York: John Wiley, 1986:51 ~ 53

Ribeiro, Luis F, The cultural landscape and the uniqueness of place: A greenway heritage network for landscape conservation of Lisbon Metropolitan Area. Ph. D University of Massachusetts Amherst. 1998:102 ~ 103

Roberts P. The Design of an Urban – space Network for the City of Durban(South Africa) [J]. Environmental Conservation, 1994, 12(1):11 ~ 17

Sohn, Chul, Hedonic price models in a geographic information system: Economic impacts of an urban greenbelt, Seoul, Korea. Ph. D Texas A&M University. 2000:45

T. T. Forman R. Land Mosaics: The ecology of landscape and regions Cambridge: Cambridge University Press, 1995:27 ~ 28

Turner T greenway, blueways, skyways and other ways to a better London, Landscape and urban planning, 1995 (33):20 ~ 21

turner T. City as landscape: A post – postmodern view of design and planning. Oxford: Greet Britain at the Alden Press, 1996

图 目 录